Syeda Sadaf Akber

O PAPEL DO MICROBIOMA HUMANO NA SAÚDE E NAS DOENÇAS

Syeda Sadaf Akber

O PAPEL DO MICROBIOMA HUMANO NA SAÚDE E NAS DOENÇAS

Explorando como o microbioma humano molda a saúde e provoca doenças

ScienciaScripts

Imprint

Any brand names and product names mentioned in this book are subject to trademark, brand or patent protection and are trademarks or registered trademarks of their respective holders. The use of brand names, product names, common names, trade names, product descriptions etc. even without a particular marking in this work is in no way to be construed to mean that such names may be regarded as unrestricted in respect of trademark and brand protection legislation and could thus be used by anyone.

Cover image: www.ingimage.com

This book is a translation from the original published under ISBN 978-620-6-77098-5.

Publisher:
Sciencia Scripts
is a trademark of
Dodo Books Indian Ocean Ltd. and OmniScriptum S.R.L publishing group

120 High Road, East Finchley, London, N2 9ED, United Kingdom
Str. Armeneasca 28/1, office 1, Chisinau MD-2012, Republic of Moldova, Europe
Printed at: see last page
ISBN: 978-620-8-25595-4

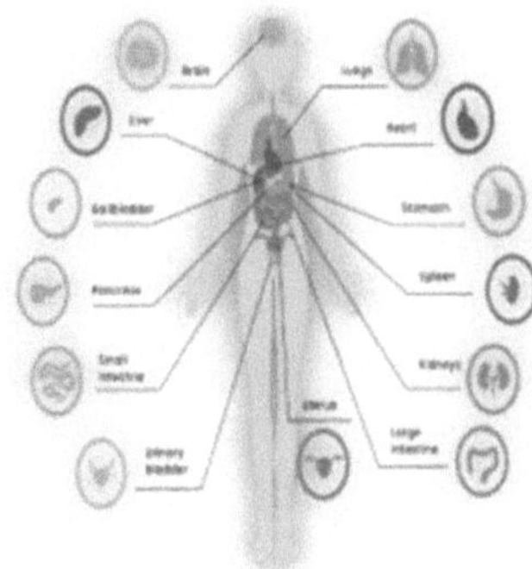

Unraveling the Intricacies: Exploring How the Human Microbiome Shapes Health and Drives Diseases (Explorando como o microbioma humano molda a saúde e provoca doenças)

O PAPEL DO MICROBIOMA HUMANO NA SAÚDE E NAS DOENÇAS

DR. SYEDA SADAF AKBER
Doutoramento
(Microbiologia)

O PAPEL DO MICROBIOMA HUMANO NA SAÚDE E NAS DOENÇAS

DR. SYEDA SADAF AKBER

Índice

4

1.   RESUMO

O estudo do microbioma transformou a nossa compreensão do papel dos micróbios na saúde e na doença humana. O microbiota refere-se ao conjunto de micróbios que vivem no corpo humano e no seu interior e que desempenham um papel vital na manutenção da homeostasia e na proteção contra agentes patogénicos nocivos. No entanto, as perturbações do microbiota podem conduzir à doença, causando a perda de funções benéficas ou a introdução de funções desadaptativas por micróbios invasores. Os factores ambientais podem influenciar o equilíbrio do microbiota, que está intimamente ligado à saúde e à doença humana. As alterações no microbioma têm sido associadas às principais doenças humanas, incluindo doenças infecciosas, doenças hepáticas, cancros gastrointestinais, doenças metabólicas, doenças respiratórias, doenças mentais ou psicológicas e doenças auto-imunes. Os avanços nas técnicas de investigação microbiana, como a sequenciação do ADN, a metabolómica e a proteómica, combinados com a bioinformática baseada na computação, permitiram aos investigadores obter uma compreensão mais sofisticada e abrangente do microbiota. Para melhorar a nossa compreensão do papel do microbiota na saúde e na doença, os investigadores recomendam que nos concentremos nas interações entre o microbiota e o hospedeiro, bem como nos mecanismos de causa e efeito subjacentes. Isto poderia levar à identificação de novos alvos terapêuticos e abordagens de tratamento na prática clínica. Em suma, o estudo do microbioma lançou uma nova luz sobre a importância dos micróbios na saúde e na doença humana e abriu novas vias de investigação e tratamento.

Palavras-chave: Microbiota, Doença, Homeostasia, Doenças metabólicas, Proteómica, Hospedeiro, Alvos terapêuticos, Microbioma humano, Saúde, Doença, Inflamação, Dieta, Antibióticos, Transplante de microbiota fecal, Microbioma oral, Microbioma intestinal

2.   INTRODUÇÃO

Os triliões de bactérias que existem no corpo humano definem o microbioma. O microbioma é constituído por uma população de microrganismos que vivem dentro de nós, como bactérias, fungos, vírus e outros micróbios. Estes pequenos seres vivos são cruciais para manter a nossa saúde e têm sido associados ao início e desenvolvimento de várias doenças (Gilbert JA, *et al.* 2018; Lloyd-Price J *et al.* 2016).

Um dos maiores avanços na exploração do microbioma foi conseguido durante as últimas décadas, em resultado dos avanços na tecnologia de sequenciação do ADN e de uma maior apreciação do seu significado. Recentemente, descobriu-se que o microbioma humano não é apenas uma coleção de espécies diferentes, mas sim um ecossistema elaborado e sofisticado que interage com o nosso corpo de muitas formas, incluindo funções fisiológicas e respostas imunológicas. Ursell LK (Ursell LK *et al.* 2012) e Lloyd-Price J (Lloyd-Price J, 2017) salientam que a genética, a nutrição, o estilo de vida e as exposições ambientais podem ter uma influência profunda na formação e diversificação do microbioma de um indivíduo.

A contribuição do microbioma para o bem-estar e a doença tem sido amplamente investigada em diferentes áreas da medicina, como a gastroenterologia, a imunologia, a neurologia e a dermatologia, para citar apenas algumas (Belkaid Y *et al.* 2014). Isto implica que a disbiose - quaisquer alterações quer na composição quer na função do microbioma, podem ter um impacto grave na saúde humana, continuam a surgir novas provas conhecidas como disbiose, que contribuem para as doenças (Qin J *et al.* 2019; Cani PD *et al.* 2019).

Os triliões de bactérias e no corpo humano são coletivamente referidos como o microbioma (Marchesi JR *et al.* 2016). Estes micróbios, que incluem bactérias, vírus e fungos, são essenciais tanto para a boa saúde como para a doença nos seres humanos.

O estômago humano é habitado por muitas bactérias desde o nascimento, e estes micróbios, os seus genes e os seus produtos são transmitidos verticalmente (de Vos WM *et al.* 2022). De acordo com Shreiner AB (Shreiner AB *et al.* 2015), o microbioma tem um impacto significativo na fisiologia humana, tanto na saúde como na doença.

As relações simbióticas entre o hospedeiro e as populações microbianas apoiam a homeostasia e controlam a resposta imunitária (Hou, K *et al.* 2022). No entanto, a disbiose microbiana pode resultar na desregulação de processos fisiológicos e doenças, como a doença inflamatória intestinal, o cancro, as doenças respiratórias e várias doenças cardiovasculares (Vijay, A *et al.* 2022, de Vos WM *et al.* 2022).

Investigações recentes mostraram como o microbioma intestinal afecta a função imunológica, a função da mucosa e órgãos distantes, para além das ligações entre a composição do microbioma intestinal e a doença que têm sido frequentemente afirmadas (Vijay, A *et al.* 2022).

Atualmente, as anomalias do microbiota intestinal estão associadas a uma vasta gama de doenças, como a diabetes de tipo 2, a esteatose hepática e os distúrbios gastrointestinais (de Vos WM *et al.* 2022).

Para além de alargar a nossa compreensão das interações moleculares entre o microbioma e o hospedeiro, estão a ser realizadas outras investigações para compreender a história natural do desenvolvimento do microbioma nos seres humanos no contexto dos resultados em matéria de saúde (Vijay, A *et al.* 2022).

Em suma, o microbioma intestinal é extremamente importante tanto para a saúde humana como para a doença. Embora o microbioma seja importante para a saúde humana, os desequilíbrios no microbiota intestinal podem resultar numa série de doenças.

2.1 Definição do microbioma

T s genomas colectivos de microrganismos, tais como bactérias, fungos, vírus e outros micróbios, que vivem dentro e sobre o corpo humano ou num ambiente específico são referidos como o microbioma (Gilbert JA *et al.* 2018; Lloyd-Price J *et al.* 2016). Representa o material genético dos microrganismos e inclui todos os seus genes, proteínas e produtos metabólicos (Ursell LK, *et al.* 2017; Marchesi JR *et al.* 2016).

2.2 Composição do microbioma

Os tipos e a quantidade de microrganismos presentes numa área ou ecossistema específico, como o corpo humano, são referidos como a composição do microbioma. O microbioma é constituído por uma população complexa de microrganismos, incluindo bactérias, vírus, fungos, archaea e outros grupos microbianos.

Os microrganismos mais numerosos e diversificados do microbioma são as bactérias. Estas são cruciais para várias actividades fisiológicas, incluindo o metabolismo, o crescimento do sistema imunitário e a digestão. Firmicutes, Bacteroidetes, Actinobacteria e Proteobacteria são alguns dos filos bacterianos mais comuns presentes no microbioma.

Agentes infecciosos microscopicamente pequenos, chamados vírus, podem infetar células humanas e microbianas. O viroma, ou componente viral do microbioma, é constituído por uma grande variedade de vírus.

Os bacteriófagos, que infectam apenas bactérias, são determinados vírus que se encontram no microbioma. O viroma pode ter um impacto na saúde humana, bem como na dinâmica e no funcionamento das comunidades microbianas.

O microbioma humano contém fungos, uma categoria de microrganismos eucarióticos que se encontram em muitos ambientes diferentes. O micobioma, ou componente fúngico do microbioma, é constituído por uma grande variedade de fungos. Os fungos do microbioma podem afetar a saúde humana tanto de forma prejudicial como útil. Candida, Malassezia e Saccharomyces são alguns dos taxa de fungos comuns descobertos no microbioma.

Os microrganismos unicelulares conhecidos como archaea são diferentes das bactérias e dos eucariotas. Podem ser descobertos numa grande variedade de ambientes, mesmo em ambientes adversos como fontes termais e fontes hidrotermais de águas profundas. Apesar de serem menos prevalentes do que as bactérias no microbioma humano, as arqueias contribuem para a diversidade dos micróbios no seu conjunto. Um exemplo de um género de arqueia descoberto no estômago humano é o Methanobrevibacter.

Para além das bactérias, vírus, fungos e archaea, podem estar presentes no microbioma outras comunidades microbianas. Os protozoários, as algas e outras espécies microscópicas que contribuem para a diversidade e funcionalidade globais dos ecossistemas podem ser contados entre eles. Estas comunidades microbianas podem interagir e ter um impacto substancial no microbioma e na saúde do hospedeiro, embora possam ser menos bem compreendidas do que as bactérias e os vírus.

É vital lembrar que, dependendo do local do corpo individual ou do nicho ambiental, a composição do microbioma pode mudar. Por exemplo, os microrganismos predominantes presentes no microbioma intestinal e no microbioma da pele são diferentes. Além disso, a composição e a diversidade do microbioma podem ser influenciadas por elementos como a dieta, a genética, a idade e as exposições ambientais.

2.3 Perspetiva histórica do microbioma:

A perspetiva histórica sobre o papel do microbioma na saúde e na doença traça uma trajetória cativante de descobertas científicas e mudanças de paradigma. O trabalho pioneiro de Antonie van Leeuwenhoek com microscópios no século XVII permitiu os primeiros vislumbres do mundo microbiano (Dobell, 1932). [th] O advento da teoria dos germes por Pasteur e Koch no século XIX lançou as bases para a compreensão das doenças infecciosas e provocou uma revolução nas práticas médicas (Brock, T. D. 1998). [th]Os contributos de Sergei Winogradsky para a ecologia microbiana no início do século XX alargaram a nossa compreensão do papel desempenhado pelos microrganismos em vários ambientes. [st]Avançando rapidamente para o século XXI, o Projeto Microbioma Humano revolucionou a nossa compreensão do microbioma humano, revelando a sua vasta complexidade e relevância para a saúde (Turnbaugh *et al.*, 2007). Estes marcos representam coletivamente uma mudança da visão dos micróbios apenas como agentes patogénicos para o reconhecimento das suas contribuições integrais para a saúde em geral, moldando o panorama da investigação contemporânea sobre o microbioma.

2.4 O papel do microbioma na saúde:

O termo "microbioma" descreve o conjunto de micróbios que habitam e estão no corpo humano, tais como bactérias, vírus, fungos e outros micróbios. O microbioma desempenha um papel fundamental na preservação da saúde humana e está envolvido em muitas áreas do nosso bem-estar.

A digestão e o metabolismo dos componentes alimentares dependem em grande medida da flora intestinal. Os hidratos de carbono complexos são decompostos pelas bactérias intestinais, que também ajudam a produzir vitaminas vitais (incluindo a vitamina K e as vitaminas do complexo B) e a metabolizar os ácidos biliares e outras substâncias. Ajudam também na produção de ácidos gordos de cadeia curta e na absorção de minerais (Tremaroli V *et al.* 2012; Sonnenburg JL *et al.* 2016).

O sistema imunitário e o microbioma interagem intimamente, e o microbioma apoia o crescimento e o funcionamento saudáveis do sistema imunitário. Apoia a homeostase imunológica, ensina o sistema imunitário a identificar os agentes patogénicos e educa o sistema imunitário. As doenças relacionadas com a imunidade, como as alergias, as doenças auto-imunes e a doença inflamatória intestinal, têm sido associadas a desequilíbrios do microbioma (Belkaid Y *et al.* 2014; Honda K *et al.* 2016).

Ao competir com as infecções por recursos e ao gerar substâncias antimicrobianas, o microbioma cria uma barreira de defesa contra a invasão de agentes patogénicos. Ao impedir a colonização e a proliferação de bactérias perigosas, os microrganismos benéficos podem reduzir a probabilidade de doença (Buffie CG, *et al.* 2013; Cho I *et al.* 2012).

Estudos recentes revelaram uma ligação entre o microbiota intestinal e questões de saúde mental, como problemas de neurodesenvolvimento, ansiedade e depressão. O microbioma tem um impacto no eixo intestino-cérebro, que envolve a comunicação bidirecional entre o intestino e o cérebro e pode afetar o humor, o comportamento e o desempenho cognitivo (Cryan JF *et al.* 2012; Foster JA *et al.* 2013).

As doenças metabólicas, como a diabetes de tipo 2 e a obesidade, têm sido associadas a alterações na composição do microbioma intestinal. Algumas bactérias desempenham um papel no metabolismo, controlando o armazenamento de gordura e obtendo energia da dieta. Compreender como o microbiota afecta o metabolismo pode fornecer informações sobre a forma de tratar estas doenças (Turnbaugh PJ. 2006; Vrieze A. 2012).

Para compreender completamente a complexidade e os mecanismos subjacentes a estas ligações, é necessária mais investigação no domínio em rápido desenvolvimento da investigação do microbioma. No entanto, a informação acumulada até à data sublinha a importância do microbioma na preservação da saúde humana e serve de base para possíveis abordagens terapêuticas dirigidas ao microbiota.

2.5 Importância do microbioma na saúde e na doença

T importância do microbioma na saúde e na doença é sublinhada pelo seu impacto multifacetado na fisiologia e no bem-estar humanos. O microbioma, que compreende triliões de microrganismos que residem dentro e fora do corpo humano, desempenha um papel crucial em várias funções fisiológicas, incluindo a digestão, o metabolismo e a modulação do sistema imunitário (Sender *et al.*, 2016). Os micróbios comensais contribuem para o desenvolvimento e maturação do sistema imunitário, influenciando a sua capacidade de montar respostas eficazes contra agentes patogénicos (Belkaid e Hand, 2014). Além disso, o microbioma está intrinsecamente ligado aos processos metabólicos, afectando a absorção de nutrientes e a regulação da energia, com potenciais implicações para doenças como a obesidade e a síndrome metabólica (Tremaroli e Backhed, 2012). A disbiose, um desequilíbrio na composição do microbioma, tem sido implicada na patogénese de inúmeras doenças, desde distúrbios gastrointestinais a doenças auto-imunes (Marchesi *et al.*, 2016; Round e Mazmanian, 2009). Compreender a importância do microbioma na manutenção da saúde e na contribuição para a patogénese da doença é essencial para o desenvolvimento de intervenções direcionadas e abordagens de medicina personalizada que potenciem a intrincada relação entre o hospedeiro humano e os seus habitantes microbianos.

2.6 Importância de compreender o microbioma:

Compreender o microbioma, a vasta comunidade de microrganismos que habitam o corpo humano, é crucial para manter a saúde geral e prevenir várias doenças. O microbioma desempenha um papel fundamental em diversos processos fisiológicos, incluindo a digestão, o metabolismo e a regulação do sistema imunitário. A investigação sugere que um desequilíbrio no microbioma, conhecido como disbiose, está associado a uma série de problemas de saúde, como doenças inflamatórias intestinais, obesidade e até perturbações da saúde mental.

Numerosos estudos sublinham a importância do microbioma na influência da absorção de nutrientes e na regulação da energia. Por exemplo, o microbiota intestinal contribui para a fermentação das fibras alimentares, produzindo ácidos gordos de cadeia curta que servem de fonte de energia para o organismo. A compreensão destas interações intrincadas pode orientar as recomendações dietéticas e ajudar no desenvolvimento de planos nutricionais personalizados para otimizar o microbioma e obter melhores resultados em termos de saúde.

Além disso, o microbioma desempenha um papel crucial no desenvolvimento e funcionamento do sistema imunitário. Um microbioma bem equilibrado ajuda a treinar o sistema imunitário para distinguir entre substâncias inofensivas e nocivas. Este conhecimento é particularmente relevante no contexto das doenças auto-imunes, em que uma resposta imunitária hiperactiva pode levar o organismo a atacar os seus próprios tecidos. Ao compreender a influência do microbioma na função imunitária, os investigadores podem explorar novas intervenções terapêuticas.

Na era da medicina de precisão, os avanços na investigação do microbioma estão a abrir caminho a abordagens diagnósticas e terapêuticas inovadoras. Técnicas como a metagenómica e a caraterização do microbioma fornecem informações sobre a composição e a função das comunidades microbianas. O aproveitamento desta informação tem o potencial de revolucionar os cuidados de saúde, permitindo intervenções direcionadas que abordam variações individuais no microbioma.

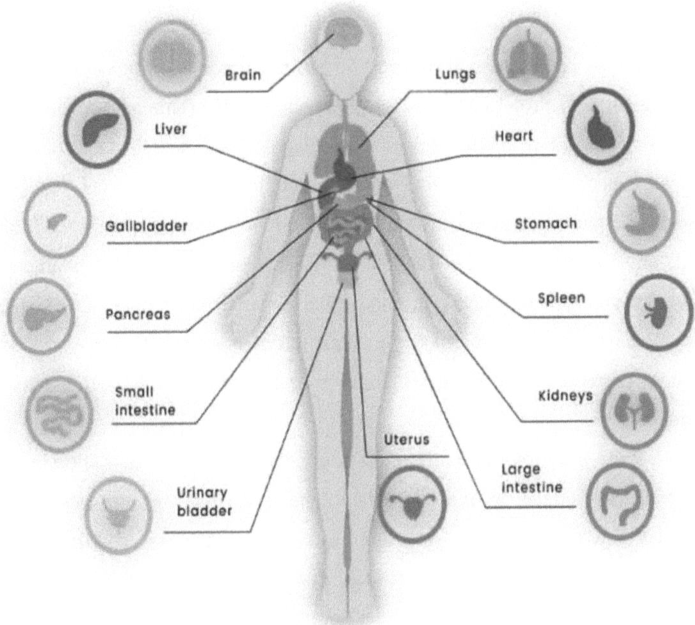

Fig. 1 Microbioma humano

3: NOÇÕES BÁSICAS DE MICROBIOMA

3.1 Comunidades microbianas no corpo humano

O corpo humano alberga um conjunto incrivelmente diversificado de comunidades microbianas que, coletivamente, constituem o microbioma. Estas comunidades microbianas, compostas por bactérias, vírus, fungos e archaea, habitam vários locais anatómicos, como a pele, a cavidade oral, o trato respiratório, o trato gastrointestinal e o sistema urogenital. O Projeto Microbioma Humano (HMP) (Human Microbiome Project Consortium. 2012) tem desempenhado um papel fundamental na caraterização da composição e do potencial funcional destas comunidades microbianas, revelando uma complexidade espantosa e uma variabilidade interindividual. Por exemplo, o microbioma intestinal, um dos principais focos de investigação, contribui significativamente para a digestão, a absorção de nutrientes e a modulação do sistema imunitário. A sequenciação metagenómica permitiu a identificação de taxa microbianos específicos associados à saúde e à doença, oferecendo informações sobre o intrincado equilíbrio que existe nestas comunidades.

A composição do microbioma é influenciada por vários factores, incluindo a genética, a dieta, o estilo de vida e as exposições ambientais. A disbiose, um desequilíbrio nas comunidades microbianas, tem sido implicada em numerosas condições de saúde, incluindo doenças inflamatórias intestinais, distúrbios metabólicos e condições auto-imunes. A compreensão da dinâmica das comunidades microbianas é crucial para o desenvolvimento de intervenções direcionadas, como os probióticos e o transplante de microbiota fecal, para restaurar o equilíbrio e promover a saúde (Lloyd-Price, J., *et al.* 2016). Pesquisas recentes também destacaram o papel do microbioma na modulação da resposta do hospedeiro aos medicamentos e na influência do metabolismo dos medicamentos. Este conhecimento tem implicações para a medicina personalizada, uma vez que as variações no microbioma podem afetar as respostas individuais às intervenções farmacêuticas (Qin, J., *et al.* 2010). À medida que o campo de investigação do microbioma continua a avançar, é promissor para novas estratégias terapêuticas, diagnósticos e uma compreensão mais profunda da intrincada relação simbiótica entre os seres humanos e os seus habitantes microbianos.

3.2 Diversidade de microorganismos

A diversidade de microrganismos é vasta e engloba uma grande variedade de bactérias, vírus, fungos, archaea e protistas, constituindo coletivamente uma rica tapeçaria de vida na

Terra. Esta diversidade microbiana desempenha papéis fundamentais em vários ecossistemas, desde as profundezas dos oceanos até ao corpo humano. A exploração da diversidade microbiana tem sido significativamente avançada pelas técnicas de sequenciação metagenómica, que permitem o estudo do material genético diretamente a partir de amostras ambientais. O Projeto Microbioma da Terra (EMP) contribuiu para a nossa compreensão da diversidade microbiana em diferentes habitats, revelando assinaturas microbianas únicas associadas a ambientes específicos (Thompson, L. R., *et al.* 2017). Por exemplo, os extremófilos prosperam em condições extremas, como altas temperaturas, ambientes ácidos ou fontes hidrotermais de águas profundas, mostrando a notável adaptabilidade dos microrganismos.

A importância da diversidade microbiana vai para além das considerações ecológicas e assume um papel crítico na saúde humana. O próprio microbioma humano reflecte um ecossistema complexo dentro do corpo, com diversas comunidades microbianas a residir em vários locais anatómicos. O microbioma intestinal, em particular, tem sido amplamente estudado pelo seu impacto na digestão, no metabolismo e na função imunitária. Pesquisas recentes destacaram a importância da diversidade microbiana no intestino para a manutenção da saúde e a prevenção de doenças, enfatizando as intrincadas relações entre as comunidades microbianas e seus hospedeiros humanos (Rinke, C., *et al.* 2013).

A compreensão da diversidade microbiana tem implicações em vários domínios, incluindo a biotecnologia, a agricultura e a medicina. Os microrganismos contribuem para processos como a bioremediação, a produção de produtos farmacêuticos e o aumento do rendimento das culturas através de relações simbióticas. Além disso, a descoberta de novas espécies microbianas e das suas capacidades bioquímicas únicas é promissora para o desenvolvimento de tecnologias e terapêuticas inovadoras.

3.3 Factores que influenciam a composição do microbioma:

A composição do microbioma, a comunidade diversificada de microrganismos que residem no interior e à superfície do corpo humano, é influenciada por uma multiplicidade de factores. A genética do hospedeiro, o estilo de vida, a dieta, as exposições ambientais e a utilização de medicamentos contribuem para moldar o intrincado equilíbrio das comunidades microbianas. A interação entre estes factores e o microbioma tem sido objeto de extensa investigação, revelando a complexidade desta relação dinâmica. Estudos, como o projeto Twins UK (Goodrich, J. K., *et al.* 2016), demonstraram que a genética desempenha um papel na determinação de certos aspectos do microbioma, mas os factores ambientais parecem ter um impacto mais substancial. As escolhas de estilo de vida, incluindo a dieta e a atividade física, influenciam significativamente a abundância e a diversidade das espécies microbianas no intestino.

A dieta, em particular, surge como um dos principais factores determinantes da composição do microbioma. Os tipos de alimentos consumidos, como as dietas ricas em fibras e as dietas ricas em gorduras, têm sido associados a perfis microbianos distintos. Por exemplo, uma dieta rica em fibras promove o crescimento de bactérias benéficas que contribuem para a saúde geral do intestino (David, L. A., *et al.* 2014). Além disso, factores ambientais, como a exposição a antibióticos, podem perturbar o equilíbrio do microbioma, conduzindo a disbiose e a potenciais consequências para a saúde (McDonald, D., *et al.* 2018).

Compreender os factores que influenciam o microbioma é fundamental para o desenvolvimento de estratégias para manter ou restabelecer o equilíbrio microbiano para melhorar os resultados de saúde. A investigação em curso, incluindo projectos como o American Gut Project, continua a desvendar as ligações intrincadas entre o estilo de vida, os factores ambientais e o microbioma, fornecendo informações valiosas para abordagens personalizadas aos cuidados de saúde.

3.4 Interações microbioma-hospedeiro

As interações microbioma-hospedeiro representam uma interação dinâmica e intrincada entre o corpo humano e a vasta comunidade de microrganismos que nele residem. O microbioma humano, composto por bactérias, vírus, fungos e outros micróbios, desempenha um papel fundamental na manutenção da homeostase e na influência de vários processos fisiológicos (Belkaid, Y., *et al.* 2014). Estas interações são particularmente proeminentes no trato gastrointestinal, onde o microbioma intestinal contribui para a digestão, a absorção de nutrientes e o desenvolvimento e modulação do sistema imunitário. A comunicação entre o microbioma e o hospedeiro ocorre através de vias de sinalização complexas, envolvendo metabolitos, antigénios microbianos e receptores do hospedeiro.

A investigação tem destacado o impacto das interações microbioma-hospedeiro na saúde e na doença humana (Lynch, S. V., *et al.* 2016). Por exemplo, estudos mostraram que a disbiose, um desequilíbrio na composição do microbioma, está associada a condições como doenças inflamatórias intestinais, distúrbios metabólicos e doenças auto-imunes. O eixo intestino-cérebro, outra faceta das interações microbioma-hospedeiro, ganhou atenção pelo seu papel na influência da saúde mental e das condições neurológicas (Dinan, T. G., *et al.* 2017). A compreensão dessas interações levou à exploração de intervenções terapêuticas, como probióticos, prebióticos e transplante de microbiota fecal, para modular o microbioma e melhorar os resultados de saúde.

4: TÉCNICAS DE ANÁLISE DO MICROBIOMA

A análise do microbioma tornou-se uma pedra angular na compreensão das complexas comunidades de microrganismos que habitam vários ambientes, nomeadamente o corpo humano. Foram desenvolvidas várias técnicas de ponta para desvendar a diversidade, a composição e o potencial funcional destes ecossistemas microbianos. As tecnologias de sequenciação de ADN de alto rendimento, como a sequenciação de nova geração (NGS), revolucionaram a investigação do microbioma, permitindo a identificação de taxa microbianos com base no seu material genético. A sequenciação do gene 16S rRNA é um método amplamente utilizado para a caraterização da comunidade bacteriana, oferecendo informações sobre a composição taxonómica (Gilbert, J. A., *et al.* 2014; Caporaso, J. G., *et al.* 2012). Entretanto, a sequenciação metagenómica shotgun permite uma análise mais abrangente, fornecendo informações sobre todo o conteúdo genómico das comunidades microbianas. Os estudos de perfis funcionais e de expressão genética podem ser mais explorados através da metatranscriptómica e da metaproteómica (Quince, C., *et al.* 2017). As ferramentas avançadas de bioinformática são cruciais para processar e interpretar os vastos conjuntos de dados gerados por estas técnicas de sequenciação. Além disso, os métodos baseados em culturas, embora limitados na captura de toda a diversidade microbiana, continuam a ser valiosos para isolar e caraterizar estirpes específicas. A integração de dados multiómicos e o desenvolvimento de tecnologias de sequenciação de uma única célula melhoram ainda mais a nossa compreensão das comunidades microbianas numa resolução mais fina (Bashiardes, S., *et al.* 2016).

À medida que a investigação do microbioma continua a evoluir, estas técnicas contribuem coletivamente para elucidar as intrincadas relações entre as comunidades microbianas e os seus hospedeiros.

4.1 Métodos baseados na cultura

Os métodos baseados em culturas têm sido historicamente utilizados na análise do microbioma para isolar e identificar espécies microbianas específicas através do cultivo em laboratório. Embora estes métodos tenham sido fundamentais na microbiologia, têm limitações, nomeadamente no que respeita à captura da diversidade total das comunidades microbianas (Pace, N. R. 1997). As técnicas baseadas na cultura envolvem o cultivo de microrganismos em meios específicos sob condições controladas, permitindo a observação da morfologia das colónias e a identificação de espécies individuais. No entanto, uma parte substancial das espécies microbianas não pode ser cultivada em condições laboratoriais normais, o que leva a uma distorção na representação do microbioma. Como resultado, muitos micróbios fastidiosos ou anaeróbios são ignorados.

Apesar destas limitações, os métodos baseados em culturas têm sido fundamentais para isolar e caraterizar várias espécies microbianas importantes, ajudando a compreender a sua fisiologia, metabolismo e papéis potenciais na saúde e na doença (Torsvik, V., *et al.* 2002). Além disso, estes métodos contribuíram para o desenvolvimento de probióticos e agentes antimicrobianos específicos. No entanto, com o advento das tecnologias de sequenciação de elevado rendimento, os métodos independentes da cultura, como a sequenciação do gene 16S rRNA e a metagenómica, ganharam proeminência, oferecendo uma visão mais abrangente e imparcial das comunidades microbianas (Handelsman, J. 2004).

4.2 Sequenciação de nova geração

Os métodos de sequenciação de nova geração (NGS) revolucionaram a análise do microbioma, fornecendo abordagens abrangentes, económicas e de elevado rendimento para caraterizar as comunidades microbianas. Técnicas como a sequenciação do gene 16S rRNA e a metagenómica shotgun tornaram-se essenciais para o estudo da diversidade microbiana, da abundância e do potencial funcional (Caporaso, J. G., *et al.* 2012). A sequenciação do gene 16S rRNA visa uma região genética conservada, permitindo a identificação e classificação de bactérias e archaea, enquanto a metagenómica shotgun sequencia todo o conteúdo genómico, fornecendo informações sobre toda a comunidade microbiana, incluindo bactérias, vírus e fungos.

Os métodos NGS revelaram a vasta diversidade do microbioma, revelando espécies microbianas anteriormente desconhecidas e expandindo a nossa compreensão da ecologia microbiana. Estas tecnologias também permitem a deteção de taxa de baixa abundância e oferecem uma visão mais imparcial da composição da comunidade em comparação com os métodos baseados em culturas (Qin, J., *et al.* 2010). Além disso, o NGS facilita a exploração das capacidades funcionais das comunidades microbianas, lançando luz sobre o seu papel em vários nichos ecológicos e as suas potenciais implicações para a saúde do hospedeiro.

O Projeto Microbioma Humano (HMP) e iniciativas como o Projeto Microbioma da Terra aproveitaram os NGS para gerar conjuntos de dados em grande escala, contribuindo para a criação de bases de dados de referência microbianas abrangentes (Gilbert, J. A., *et al.* 2014). À medida que as tecnologias de NGS continuam a evoluir, são muito promissoras para fazer avançar a nossa compreensão das interações microbioma-hospedeiro, da ecologia microbiana e do desenvolvimento de intervenções orientadas para aplicações na saúde e no ambiente.

4.3 Metagenómica

A metagenómica, uma abordagem poderosa na análise do microbioma, envolve a sequenciação direta de material genético de amostras ambientais, permitindo o estudo abrangente de comunidades microbianas. Esta técnica fornece informações sobre a diversidade, o potencial funcional e o papel ecológico dos microrganismos sem necessidade de cultivo prévio (Qin, J., *et al.* 2010). A metagenómica envolve a sequenciação shotgun, em que todo o conteúdo genómico de uma amostra é sequenciado, capturando a informação genética colectiva de todos os microrganismos presentes. Esta abordagem tem sido fundamental para descobrir a vasta diversidade de espécies microbianas, incluindo bactérias, vírus, fungos e archaea, em diversos ecossistemas.

A metagenómica tem desempenhado um papel crucial em iniciativas de grande escala, como o Projeto Microbioma Humano (HMP) e o Projeto Microbioma da Terra, gerando extensos conjuntos de dados para caraterizar comunidades microbianas em vários ambientes e organismos hospedeiros (Gilbert, J. A., *et al.* 2014). Ao examinar os genes funcionais e as vias presentes numa comunidade, a metagenómica permite a exploração das contribuições microbianas para processos como o ciclo de nutrientes, a degradação de poluentes e as interações hospedeiro-micróbio. Além disso, a metagenómica facilita a descoberta de novas espécies microbianas e das suas capacidades bioquímicas únicas, sendo promissora para aplicações biotecnológicas e para a descoberta de medicamentos (Handelsman, J. 2004).

4.4 Metabolómica

A metabolómica, um campo emergente na análise do microbioma, centra-se no estudo de pequenas moléculas produzidas por comunidades microbianas, fornecendo informações sobre as suas actividades metabólicas e contribuições funcionais. Os metabolitos servem como leituras diretas dos processos celulares e podem refletir as interações dinâmicas nos ecossistemas microbianos (Nicholson, J. K., *et al.* 1999). Os métodos metabolómicos envolvem a identificação e quantificação de uma vasta gama de metabolitos, incluindo ácidos orgânicos, lípidos, aminoácidos e metabolitos secundários, através de técnicas como a espetroscopia de ressonância magnética nuclear (RMN) e a espetrometria de massa (EM). Ao analisar o metaboloma, os investigadores obtêm uma compreensão mais profunda das vias metabólicas e das actividades bioquímicas do microbioma (Wishart, D. S. 2019).

A metabolómica tem sido aplicada para investigar os perfis metabólicos de diversas comunidades microbianas, incluindo as do intestino humano, do solo e de ambientes aquáticos. No contexto do microbioma humano, a metabolómica revelou associações entre os perfis de metabolitos microbianos e a saúde do hospedeiro, salientando o potencial impacto do microbioma na fisiologia do hospedeiro (Smolinska, A., *et al.* 2012). Por exemplo, os ácidos gordos de cadeia curta (AGCC) produzidos pelas bactérias intestinais têm sido implicados na regulação imunitária e no metabolismo energético. A integração da metabolómica com outras abordagens ómicas, como a metagenómica e a metatranscriptómica, permite uma compreensão abrangente da dinâmica funcional das comunidades microbianas.

4.5 Bioinformática na investigação do microbioma:

A bioinformática desempenha um papel fundamental na investigação do microbioma, fornecendo ferramentas e metodologias para a análise e interpretação dos vastos e complexos conjuntos de dados gerados através de tecnologias de sequenciação de elevado rendimento. O domínio da bioinformática do microbioma engloba várias abordagens computacionais, incluindo a caraterização taxonómica, a anotação funcional e a análise estatística. A caraterização taxonómica envolve a classificação de sequências microbianas para identificar a composição das comunidades microbianas, normalmente conseguida através de algoritmos como o QIIME (Quantitative Insights Into Microbial Ecology) e mother (Caporaso, J. G., *et al.* 2010). A anotação funcional tem como objetivo decifrar o potencial funcional das comunidades microbianas, frequentemente realizada através de ferramentas como PICRUSt (Phylogenetic Investigation of Communities by Reconstruction of Unobserved States) e HUMAN (HMP Unified Metabolic Analysis Network). Além disso, os métodos de bioinformática permitem a exploração da diversidade microbiana, a dinâmica da comunidade e a identificação de potenciais biomarcadores associados a estados de saúde ou doença (Langille, M. G., *et al.* 2013).

Dada a vastidão dos conjuntos de dados do microbioma, são utilizados métodos estatísticos avançados e algoritmos de aprendizagem automática para a integração de dados, a análise da abundância diferencial e a modelação preditiva. Estas abordagens permitem aos investigadores identificar associações significativas entre taxa ou funções microbianas e condições específicas, contribuindo para a nossa compreensão do papel do microbioma na saúde e na doença.

O desenvolvimento e a normalização de ferramentas de bioinformática têm sido cruciais para projectos de microbioma em grande escala, como o Projeto Microbioma Humano (HMP) e o Projeto Microbioma da Terra, permitindo aos investigadores analisar diversas comunidades microbianas em diferentes ambientes (Abubucker, S., *et al.* 2012). À medida que a investigação do microbioma continua a evoluir, a bioinformática continuará a ser uma pedra angular, facilitando a extração de conhecimentos biológicos significativos a partir da riqueza de informações contidas nos conjuntos de dados do microbioma.

5: MICROBIOMA INTESTINAL

O microbioma intestinal é um sistema complexo de microrganismos que residem no trato gastrointestinal e desempenham um papel crucial na saúde humana. O microbioma intestinal está envolvido na fermentação de substratos não digeríveis, como fibras alimentares e compostos endógenos, que fornecem capacidades essenciais para a nutrição e a saúde (Valdes A M *et al.* 2018).

O microbiota intestinal dos recém-nascidos é caracterizado por uma baixa diversidade e uma predominância relativa dos filos Proteobacteria e Actinobacteria; posteriormente, a composição do microbiota torna-se mais diversificada e é influenciada por factores ambientais como a dieta, os antibióticos e a genética do hospedeiro (Quigley EM. 2013).

Há cada vez mais provas da existência de uma base microbiana intestinal em muitas doenças hepáticas e estão a ser desenvolvidas melhores abordagens diagnósticas, prognósticas e terapêuticas baseadas no microbioma intestinal.

O microbioma intestinal tem sido associado a uma vasta gama de problemas de saúde, incluindo a doença inflamatória intestinal, a obesidade e as perturbações da saúde mental (Cresci GA, *et al.* 2015; Moise *et al.* 2017).

O microbioma intestinal pode ser influenciado pela dieta, com certos alimentos a promoverem o crescimento de bactérias benéficas (Moise *et al.* 2017).

5.1 Microbioma intestinal e saúde digestiva

O conjunto de micróbios que vivem no nosso sistema gastrointestinal é conhecido como microbioma intestinal e é essencial para preservar a saúde digestiva. Diferentes elementos da digestão, absorção nutricional e função de barreira intestinal, respostas imunológicas e até mesmo a saúde mental podem ser afectados pela composição e diversidade do microbioma intestinal.

Os hidratos de carbono complexos que o organismo não consegue digerir por si só, incluindo as fibras, são ajudados a decompor-se pela flora intestinal. Estes hidratos de carbono são fermentados por microrganismos para criar ácidos gordos de cadeia curta (AGCC), que fornecem energia ao hospedeiro.

As enzimas produzidas por bactérias intestinais específicas ajudam na decomposição de proteínas e lípidos. Para além disso, a flora intestinal produz vitaminas que são necessárias para uma absorção nutricional saudável, como a vitamina K e várias vitaminas B.

As alterações do microbiota intestinal e a inflamação persistente no trato gastrointestinal são caraterísticas das doenças inflamatórias intestinais (DII), como a doença de Crohn e a colite ulcerosa (Marchesi, J. R *et al.* 2016).

De acordo com uma nova investigação (Lynch, S. V, *et al.* 2016), a disbiose do microbioma intestinal pode ser um fator de doenças como a doença do refluxo gastroesofágico (DRGE), o cancro colorrectal e a doença hepática gorda não alcoólica (NAFLD). A disbiose também tem sido associada à síndrome do intestino irritável (SII), sendo observados padrões microbianos específicos nas pessoas que sofrem de SII.

5.2 Função da barreira intestinal e respostas imunitárias:

A integridade da barreira intestinal, que impede a entrada de compostos perigosos na corrente sanguínea, é apoiada pelo microbiota intestinal (Honda K, *et al.* 2016).

O sistema imunitário e as bactérias intestinais saudáveis interagem para apoiar o aparecimento de uma resposta imunitária equilibrada e proporcionar defesa contra infecções.

De acordo com Round J. L. (Round, J. L, *et al.* 2009), a disbiose, um desequilíbrio na composição do microbioma intestinal, tem sido associada a um aumento da permeabilidade intestinal (leaky gut) e a uma inflamação crónica, que podem agravar as doenças digestivas.

5.3 Modulando o Microbioma Intestinal para a Saúde Digestiva:

Os probióticos são bactérias vivas vantajosas que proporcionam benefícios para a saúde quando ingeridas em quantidades suficientes. Em algumas doenças digestivas, podem ajudar a reduzir os sintomas e a restaurar o equilíbrio microbiano (Hill, C *et al.* 2014).

As fibras alimentares denominadas prebióticos favorecem especificamente o desenvolvimento de boas bactérias intestinais. Fornecem alimentos a estes organismos, o que ajuda a manter um microbioma equilibrado no estômago.

Uma microbiota intestinal diversificada e saudável pode ser apoiada por factores dietéticos, como uma dieta rica em fibras e rica em frutas, legumes e cereais integrais (Gibson, G. R *et al.* 2017).

A flora intestinal e a saúde digestiva podem ser influenciadas por escolhas de estilo de vida como o exercício consistente, o sono suficiente e a gestão do stress.

6: MICROBIOMA DA PELE

A complexa população de microrganismos que vivem na superfície da pele e que são essenciais para preservar a saúde da pele é designada por microbioma cutâneo. A fisiologia da pele, as respostas imunológicas e o aparecimento de doenças dermatológicas podem ser afectados pela composição e diversidade do microbioma cutâneo.

Esta exploração mergulha no intrincado mundo do microbioma da pele, desvendando a complexa interação dos microrganismos que habitam os diversos ecossistemas da pele. Desde a epiderme até aos folículos pilosos, o microbioma cutâneo influencia a saúde e a imunidade da pele. Esta análise abrangente discute os factores que moldam o microbioma da pele, incluindo a genética, as práticas de higiene e as exposições ambientais, e explora o seu papel em várias condições dermatológicas. Centrando-se em resultados de investigação recentes, esta visão geral fornece informações valiosas sobre a relação dinâmica entre o microbioma da pele e a saúde dermatológica, oferecendo potenciais vias para abordagens inovadoras de cuidados da pele.

6.1 Microbioma da pele e fisiologia da pele:

As interações do microbioma da pele com a barreira cutânea contribuem para a hidratação da pele e para a defesa contra agentes patogénicos externos, ajudando a preservar a integridade da barreira cutânea (Grice, E. A *et al.* 2011).

É possível manter uma comunidade microbiana equilibrada e impedir a proliferação de germes nocivos através da produção de péptidos antimicrobianos por bactérias úteis para a pele que podem degradar o sebo.

A modulação do pH da pele pelo microbiota cutâneo é crucial para uma função de barreira óptima e para a defesa contra infecções (Belkaid, Y *et al.* 2016).

6.2 Microbioma da pele e doenças dermatológicas:

A acne, a dermatite atópica (eczema), a psoríase, a rosácea e as infecções cutâneas têm sido associadas à disbiose, um desequilíbrio na composição do microbioma da pele (Fitz-Gibbon, S, *et al.* 2014).

Por exemplo, o desenvolvimento da acne tem sido associado a um desequilíbrio na diversidade do microbioma da pele e à sobrepopulação de bactérias específicas, como a Propionibacterium acnes.

De acordo com estudos, as pessoas com várias doenças de pele têm assinaturas microbianas e padrões de disbiose distintos, o que sugere que o microbioma da pele pode desempenhar um papel na etiologia destas doenças (Kong, H. H, *et al.* 2012).

6.3 Modulação do microbioma da pele para a saúde dermatológica:

Os probióticos e as formulações probióticas tópicas têm sido explorados como potenciais intervenções para restaurar um microbioma cutâneo saudável e aliviar os sintomas de certas doenças da pele.

Os prebióticos, como certos hidratos de carbono ou extractos de plantas, podem ajudar a manter um microbioma cutâneo saudável, promovendo seletivamente o crescimento de bactérias cutâneas benéficas (Guéniche, A., *et al.* 2018).

A diversidade e o equilíbrio do microbioma da pele podem ser mantidos seguindo bons procedimentos de cuidados da pele, que incluem uma lavagem suave, evitando tratamentos agressivos e mantendo uma barreira cutânea saudável. O microbioma da pele e a saúde geral da pele podem ser afectados por variáveis do estilo de vida, como uma dieta equilibrada, hidratação adequada, gestão do stress e sono suficiente (Dréno, B, *et al.* 2016).

É fundamental lembrar que a investigação sobre o microbioma da pele e a forma como este afecta a saúde dermatológica ainda está na sua fase inicial. Para compreender completamente as complexidades desta relação e criar soluções específicas, é necessária mais investigação.

7: MICROBIOMA ORAL E SAÚDE DENTÁRIA

O grupo diversificado de micróbios que vivem nos dentes, gengivas, língua e outras superfícies orais é designado por microbioma oral. O microbiota oral tem um impacto em várias facetas da saúde dentária e é essencial para manter a saúde oral.

O microbioma oral, um ecossistema complexo de microrganismos que habitam a cavidade oral, desempenha um papel fundamental na manutenção da saúde dentária. Esta intrincada rede de bactérias, vírus e fungos interage com vários factores, como a dieta, as práticas de higiene oral e a saúde geral, influenciando o desenvolvimento de condições como as cáries e as doenças das gengivas. A placa dentária, um biofilme formado por estes microrganismos nas superfícies dos dentes, é um fator chave na saúde oral. As práticas regulares de cuidados orais, incluindo a escovagem e o uso do fio dental, são essenciais para gerir o microbioma oral e prevenir problemas dentários. Os desequilíbrios no microbioma oral têm sido associados a doenças mais graves, como a periodontite, e, curiosamente, estão a surgir ligações entre a saúde oral e problemas de saúde sistémicos, como as doenças cardiovasculares e a diabetes. Esta exploração abrangente aprofunda a intrincada dinâmica do microbioma oral, destacando a sua importância para a saúde dentária e fornecendo ideias para estratégias preventivas e terapêuticas.

7.1 Microbioma oral e doença dentária:

As bactérias constituem a maior parte do biofilme que se acumula nos dentes e que se designa por placa dentária. As doenças dentárias, como a cárie dentária ou cárie dentária e a doença periodontal ou gengival, são influenciadas pela composição e variedade do microbioma oral.

Ao metabolizarem os hidratos de carbono da dieta e ao gerarem ácidos que desmineralizam o esmalte dos dentes, *os Streptococcus mutantes* e outras bactérias produtoras de ácido podem contribuir para a cárie dentária.

De acordo com uma pesquisa (Marsh, P. D. 2006), a doença periodontal está ligada a uma mudança na composição do microbioma oral, que é caracterizada por um aumento de bactérias nocivas como *Porphyromonas gingivalis* e uma diminuição de bactérias boas. A disbiose do microbioma oral pode levar à inflamação, danos nos tecidos e à progressão da doença periodontal (Hajishengallis, G. 2015).

7.2 Microbioma oral e saúde sistémica oral:

A microbiota oral afecta mais do que apenas a cavidade bucal; tem também um impacto na saúde geral. Um maior risco de doenças sistémicas, como doenças cardiovasculares, diabetes e infecções respiratórias, tem sido associado à presença de bactérias orais específicas (Meurman, J. H *et al.* 2018).

As bactérias orais, em particular as ligadas à doença periodontal, podem entrar na corrente sanguínea e provocar reacções inflamatórias noutros órgãos ou contribuir para o aparecimento de perturbações sistémicas (Jepsen, S. 2019).

7.3 Manutenção de um microbioma oral saudável:

A escovagem regular, o uso do fio dental e a limpeza da língua são partes essenciais de uma boa higiene dentária, que também ajuda a manter um microbiota oral equilibrado. Um microbioma oral saudável pode ser apoiado por uma dieta equilibrada com baixo teor de açúcar e alimentos ácidos, o que também pode reduzir a incidência de cáries dentárias.

Para monitorizar a saúde oral, identificar problemas dentários precocemente e tratar quaisquer desequilíbrios do microbioma oral que possam já existir, são cruciais check-ups dentários regulares e limpezas especializadas (Sampaio-Maia, B, *et al.* 2014). Limitar a ingestão de álcool e abster-se do consumo de tabaco podem contribuir para uma microbiota oral equilibrada (Lamont, R. J *et al.* 2015).

8: MICROBIOMA REPRODUTIVO

8.1 Microbioma no sistema reprodutor feminino

O microbioma do sistema reprodutor feminino desempenha um papel crucial na manutenção da saúde geral e na influência dos resultados reprodutivos. O microbiota vaginal, em particular, é caracterizado por comunidades microbianas dinâmicas dominadas por bactérias produtoras de ácido lático, predominantemente pertencentes ao género Lactobacillus. Este ambiente ácido criado por estas bactérias ajuda a evitar o crescimento excessivo de microrganismos patogénicos e mantém um equilíbrio saudável (Ravel, J., *et al.* 2011). As perturbações na composição do microbioma vaginal, conhecidas como disbiose, têm sido associadas a várias condições ginecológicas, incluindo vaginose bacteriana, infecções do trato urinário e parto prematuro. A investigação demonstrou que espécies específicas de Lactobacillus contribuem para um papel protetor no trato reprodutivo, produzindo compostos antimicrobianos e mantendo um ambiente propício à fertilidade (Ma, B., *et al.* 2012).

As tecnologias de sequenciação de alto rendimento, como a sequenciação do gene 16S rRNA e a metagenómica, forneceram informações mais aprofundadas sobre a diversidade e a dinâmica do microbioma reprodutivo feminino. Estes avanços conduziram a uma compreensão mais abrangente da forma como o microbioma influencia a saúde reprodutiva, a fertilidade e o risco de complicações durante a gravidez (Moreno, I., *et al.* 2016). Além disso, estudos destacaram o potencial impacto do microbioma intestinal no sistema reprodutivo através do eixo intestino-vagina, enfatizando a interconexão das comunidades microbianas em todo o corpo.

A compreensão dos meandros do microbioma reprodutivo feminino é promissora para o desenvolvimento de intervenções direcionadas, como probióticos ou tratamentos personalizados, para manter um microbioma saudável e melhorar os resultados reprodutivos.

Um microbioma vaginal saudável pode ser restaurado com a ajuda de probióticos que contêm estirpes específicas de Lactobacillus, que também podem ajudar a prevenir ou tratar infecções vaginais recorrentes e vaginose bacteriana (Fredricks, D. N, *et al.* 2005).

A manutenção de um ambiente vaginal equilibrado e saudável pode ser conseguida abstendo-se de acções que perturbem o microbioma vaginal, como a ducha higiénica ou a utilização de sabonetes abrasivos.

O risco de IST que podem perturbar o microbiota vaginal pode ser reduzido através da prática de sexo seguro e da utilização de técnicas de barreira, como o preservativo (Witkin,

S. S, *et al.* 2013).

Deve ser consultado um ginecologista ou outro especialista em saúde reprodutiva para aconselhamento específico e gestão de quaisquer questões de saúde reprodutiva relacionadas com o microbioma vaginal.

8.2 Microbioma no sistema reprodutor masculino

O microbioma do sistema reprodutor masculino tem merecido uma atenção crescente devido ao seu potencial impacto na saúde reprodutiva e na fertilidade. Embora o trato reprodutor masculino fosse tradicionalmente considerado estéril, a investigação recente que utiliza técnicas moleculares avançadas, como a sequenciação do gene 16S rRNA e a metagenómica, revelou a presença de uma comunidade microbiana diversificada no sémen e noutras partes do sistema reprodutor masculino. A composição do microbioma do sistema reprodutor masculino inclui vários taxa bacterianos, com Lactobacillus, Pseudomonas e Prevotella comummente identificados. Evidências emergentes sugerem que as alterações no microbioma reprodutor masculino podem estar associadas a condições como a infertilidade e a prostatite (Hou, D., *et al.* 2013).

S estudos têm explorado a influência potencial do microbioma reprodutivo masculino na qualidade do esperma e nos resultados reprodutivos gerais (Weng, S. L., *et al.* 2014). O microbioma pode contribuir para a produção de espécies reactivas de oxigénio e para a modulação das respostas imunitárias no trato reprodutor masculino, o que pode ter impacto na função espermática e na fertilidade. Disbiose ou desequilíbrios no microbioma reprodutivo masculino têm sido implicados na infertilidade masculina, destacando a necessidade de mais pesquisas para entender as intrincadas interações entre o microbioma e a saúde reprodutiva masculina (Fosso, B., *et al.* 2017).

8.3 Influência do microbioma na fertilidade e na saúde materna e infantil

A influência do microbioma na fertilidade e na gravidez é uma área de interesse crescente, com a investigação a destacar o seu impacto significativo nos resultados da saúde reprodutiva. Nas mulheres, a composição do microbioma vaginal desempenha um papel crucial na manutenção de um ambiente reprodutivo saudável. A microbiota dominante de Lactobacillus está associada a um menor risco de doenças ginecológicas, incluindo a vaginose bacteriana, que tem sido associada a resultados adversos na gravidez, como o parto prematuro (Aagaard, K., *et al.* 2012).

A influência do microbioma estende-se para além do trato reprodutivo, com estudos que sugerem que as alterações no microbioma intestinal podem também desempenhar um papel na fertilidade. O microbiota intestinal pode afetar a inflamação sistémica, a regulação hormonal e os processos metabólicos, todos eles pertinentes para a saúde reprodutiva.

Nos homens, o microbioma reprodutor masculino, particularmente no sémen, tem sido associado à qualidade do esperma e à fertilidade. A disbiose no trato reprodutor masculino tem sido associada a doenças como a prostatite e pode contribuir para a infertilidade masculina.

Além disso, as interações microbianas materno-fetais durante a gravidez podem moldar o sistema imunitário fetal em desenvolvimento e ter impacto na saúde da mãe e do bebé. Estudos recentes sugeriram mesmo um papel potencial do microbioma da placenta na influência dos resultados da gravidez (Moreno, I., *et al.* 2016).

Compreender a complexa interação entre o microbioma e a fertilidade/gravidez é essencial para desenvolver estratégias de apoio à saúde reprodutiva. A pesquisa em andamento, incluindo projetos como o Projeto Integrativo do Microbioma Humano (IHMP), visa desvendar a intrincada dinâmica do microbioma no contexto da fertilidade e da gravidez, oferecendo insights que podem levar a intervenções personalizadas para melhorar os resultados reprodutivos (The Integrative Human Microbiome Project. (2019).

O microbioma desempenha um papel crucial na saúde materna e infantil, exercendo profundas influências em vários aspectos da gravidez, do parto e do desenvolvimento pós-natal. Durante a gravidez, o microbioma materno sofre alterações dinâmicas, particularmente no intestino e na microbiota vaginal (Koren, O., *et al.* 2012). Pensa-se que estas alterações contribuem para a manutenção da tolerância imunitária materna e podem ter impacto na saúde da mãe e do feto em desenvolvimento. As perturbações no microbioma materno têm sido associadas a doenças como a diabetes gestacional, o parto prematuro e a pré-eclampsia.

A transmissão da microbiota materna para o recém-nascido ocorre durante o nascimento e continua através da amamentação. A colonização microbiana inicial do intestino do bebé é crucial para o desenvolvimento do sistema imunitário e dos processos metabólicos. O leite materno, rico em micróbios benéficos, anticorpos e prebióticos, apoia ainda mais o estabelecimento de um microbioma saudável no bebé (Chu, D. M., *et al.* 2017). As perturbações na colonização microbiana precoce têm sido associadas a um risco acrescido de doenças como alergias, asma e doenças auto-imunes.

A pesquisa sobre o papel do microbioma na saúde materna e infantil enfatiza a necessidade de intervenções que apoiem um ambiente microbiano saudável. Os probióticos, prebióticos e outras estratégias destinadas a modular o microbioma durante a gravidez e a primeira infância são áreas de investigação ativa (Yassour, M., *et al.* 2018).

9: MICROBIOMA RESPIRATÓRIO

O microbioma respiratório, que outrora se acreditava ser estéril, é atualmente reconhecido como um ecossistema complexo de microrganismos que habitam as vias respiratórias superiores e inferiores. Os avanços nas tecnologias de sequenciação de alto rendimento, como a sequenciação do gene 16S rRNA e a metagenómica, permitiram uma compreensão mais profunda da diversidade e da dinâmica do microbioma respiratório. No trato respiratório superior, as cavidades nasais e orais abrigam um conjunto diversificado de bactérias, vírus, fungos e archaea, com Streptococcus, Staphylococcus, Haemophilus e Cornebacteria comummente identificados (Dickson, R. P., *et al.* 2017). O trato respiratório inferior, tradicionalmente considerado estéril, contém um microbioma mais limitado, com Prevotella, Veillonella e Streptococcus predominantes.

O microbioma respiratório desempenha um papel crucial na manutenção da saúde respiratória, influenciando as respostas imunitárias e proporcionando proteção contra potenciais agentes patogénicos. A disbiose no microbioma respiratório tem sido associada a várias doenças respiratórias, incluindo a asma, a doença pulmonar obstrutiva crónica (DPOC) e a fibrose quística. Além disso, o microbioma respiratório sofre mudanças dinâmicas durante as infecções respiratórias, com alterações na composição microbiana com impacto na gravidade e nos resultados da doença (Man, W. H., *et al.* 2019).

A compreensão do microbioma respiratório tem implicações para o desenvolvimento de intervenções direcionadas, tais como probióticos ou terapêuticas baseadas em microbiomas, para promover a saúde respiratória e prevenir ou tratar doenças respiratórias (Dickson, R. P., *et al.* 2015).

O sistema respiratório, tradicionalmente considerado estéril, é agora reconhecido como albergando uma comunidade diversificada e dinâmica de microrganismos que, coletivamente, constituem o microbioma respiratório. Os avanços nas tecnologias de sequenciação, como a sequenciação do gene 16S rRNA e a metagenómica, revelaram a complexidade das comunidades microbianas nas vias respiratórias superiores e inferiores. No trato respiratório superior, as cavidades nasais e orais abrigam uma rica variedade de bactérias, vírus, fungos e archaea, formando um ecossistema dinâmico influenciado por factores como a genética do hospedeiro, exposições ambientais e respostas imunitárias. Os géneros comuns incluem Streptococcus, Staphylococcus, Haemophilus e Cornebacteria (Dickson, R. P., *et al.* 2017). O trato respiratório inferior, anteriormente considerado estéril, contém um microbioma mais limitado mas distinto, com Prevotella, Veillonella e Streptococcus predominantes (Man, W. H., *et al.* 2019).

Estas comunidades microbianas desempenham um papel crucial na manutenção da saúde respiratória, influenciando as respostas imunitárias, prevenindo a colonização por potenciais agentes patogénicos e contribuindo para os processos metabólicos. A relação entre o microbioma e as doenças respiratórias é um tópico de importância crescente na compreensão da patogénese e progressão de várias condições respiratórias (Marsland, B. J., *et al.* 2015).

A disbiose, ou alterações na composição e função do microbioma respiratório, tem sido implicada numa série de doenças respiratórias, incluindo asma, doença pulmonar obstrutiva crónica (DPOC), fibrose quística e infecções respiratórias (Charlson, E. S., *et al.* 2011). Na asma, por exemplo, as alterações no microbioma das vias respiratórias têm sido associadas à gravidade da doença e às exacerbações.

Compreender a composição e a dinâmica do microbioma respiratório é essencial para desenvolver estratégias direcionadas para modular ou restaurar o equilíbrio microbiano e mitigar o risco de doenças respiratórias.

Do mesmo modo, na DPOC, as alterações na microbiota pulmonar têm sido associadas a exacerbações e à progressão da doença (Dickson, R. P., *et al.* 2017). Na fibrose quística, a colonização microbiana nas vias respiratórias desempenha um papel crucial na inflamação crónica e no declínio respiratório observado nos doentes. Além disso, o microbioma respiratório é dinâmico durante as infecções respiratórias, com comunidades microbianas específicas associadas a infecções virais ou bacterianas (Segal, L. N., *et al.* 2016).

A investigação que utiliza tecnologias avançadas de sequenciação permitiu obter informações sobre as interações complexas entre o hospedeiro e o microbioma respiratório, oferecendo oportunidades para o desenvolvimento de terapias específicas que visam restaurar um ambiente microbiano equilibrado e melhorar a saúde respiratória.

10: DISBIOSE E DOENÇA

A disbiose, caracterizada por um desequilíbrio ou mudança desadaptativa na composição e função do microbioma, tem sido implicada na patogénese de várias doenças. O microbioma humano, constituído por triliões de microrganismos que habitam diferentes locais do corpo, desempenha um papel crucial na manutenção da saúde através de interações simbióticas com o hospedeiro. A disbiose pode ocorrer em resposta a vários factores, incluindo o uso de antibióticos, mudanças na dieta e exposições ambientais, levando a alterações na diversidade microbiana, abundância e estrutura da comunidade (Thursby, E., *et al.* 2017). Esta perturbação do microbioma tem sido associada a uma série de condições, incluindo doenças inflamatórias intestinais (IBD), distúrbios metabólicos, doenças auto-imunes e distúrbios de saúde mental.

Na DII, como a doença de Crohn e a colite ulcerosa, a disbiose é comumente observada, com mudanças no microbioma intestinal contribuindo para a inflamação crônica e a progressão da doença (Lloyd-Price, J., *et al.* 2019). Os distúrbios metabólicos, incluindo a obesidade e a diabetes tipo 2, também estão ligados à disbiose, onde as alterações no microbioma intestinal podem influenciar o metabolismo do hospedeiro e o equilíbrio energético. As doenças auto-imunes, como a artrite reumatoide e a esclerose múltipla, têm sido associadas à disbiose, o que sugere um papel do microbioma na desregulação imunitária (Tilg, H., *et al.* 2020). Além disso, evidências emergentes indicam uma ligação entre disbiose e distúrbios de saúde mental, incluindo depressão e ansiedade, destacando a comunicação bidirecional entre o intestino e o cérebro (Ma, Q., *et al.* 2019).

Para além das condições gastrointestinais e metabólicas, a disbiose tem sido implicada em doenças auto-imunes. Por exemplo, a artrite reumatoide e o lúpus eritematoso sistémico mostraram associações com padrões disbióticos, sugerindo um papel potencial para o microbioma nas respostas autoimunes (Vuong, H. E., *et al.* 2017). Distúrbios neurológicos, incluindo a doença de Alzheimer e a esclerose múltipla também têm sido associadas à disbiose, indicando o possível envolvimento do eixo intestino-cérebro nestas doenças.

Além disso, a disbiose desempenha um papel nas doenças infecciosas, influenciando a suscetibilidade às infecções e a eficácia dos tratamentos. A compreensão das ligações entre a disbiose e várias doenças é crucial para o desenvolvimento de intervenções direcionadas que restabeleçam um equilíbrio microbiano saudável. Os probióticos, prebióticos e o transplante de microbiota fecal estão entre as estratégias exploradas para mitigar a disbiose e as consequências para a saúde que lhe estão associadas (He, Y., *et al.* 2018).

11. MICROBIOMA E NUTRIÇÃO

O microbioma é um grupo de micróbios que vivem no interior dos seres humanos e que têm um grande impacto na saúde e na doença. A genética, a exposição ao ambiente e, mais significativamente, a alimentação, têm um impacto na composição do microbioma.

A investigação revelou que a nutrição afecta a composição e a saúde do microbioma, o que, por sua vez, afecta o risco de efeitos na saúde.

A compreensão dos efeitos da nutrição na composição microbiana do hospedeiro foi facilitada pela capacidade de identificar e quantificar rapidamente os táxons bacterianos intestinais (Singh RK, *et al.* 2017). Verificou-se que padrões alimentares como as dietas ocidental, mediterrânica, vegetariana, paleolítica e cetogénica afectam a microbiota intestinal.

O microbioma é constituído por bactérias que podem ser benéficas e potencialmente nocivas, ou microbiota simbiótica e patogénica. A maioria é simbiótica, o que significa que tanto o corpo humano como o microbiota beneficiam com elas, mas uma pequena minoria é nociva e promove doenças.

O microbioma, constituído por milhares de milhões de bactérias, vive no interior do corpo. Saiba mais sobre as futuras áreas de estudo, os probióticos e a influência da alimentação.

O número relativo de espécies pode mudar dentro do microbioma, um habitat vivo e dinâmico, com base nos hábitos alimentares, medicamentos, atividade física e outras exposições ambientais. Os estudos futuros devem centrar-se no amplo impacto que o microbioma desempenha na saúde, bem como na gravidade dos problemas que podem surgir quando as interações entre o microbioma e o seu hospedeiro são perturbadas.

Dada a forte ligação entre a alimentação, a flora intestinal e a saúde, mudar a nossa alimentação pode ajudar-nos a tornarmo-nos mais saudáveis. De acordo com uma investigação recente, várias doenças crónicas, incluindo a doença inflamatória intestinal, a obesidade, a diabetes tipo 2, as doenças cardiovasculares e o cancro, têm sido associadas ao microbioma intestinal (Singh RK, *et al.* 2017).

O substrato fermentável que é fornecido pela ingestão de alimentos suporta a abundante vida microbiana do cólon. O microbioma é afetado pela alteração do consumo de hidratos de carbono, proteínas e gorduras, especialmente nos extremos. As Bifidobacterium spp. são melhoradas por elementos alimentares específicos, como os adoçantes de baixas calorias.

De um modo geral, a investigação indica que um microbioma saudável é crucial para a saúde e o bem-estar geral e que a nutrição tem um impacto substancial no microbioma.

12. O MICROBIOMA E O SISTEMA IMUNITÁRIO

Para manter o corpo saudável e controlar a homeostase imunológica, o microbioma e o sistema imunitário interagem de uma forma complicada (Belkaid Y, *et al.* 2014; Wu HJ, *et al.* 2012).

O sistema imunitário desenvolveu-se para interagir com o microbioma e regulá-lo, enquanto o microbiota desempenha um papel vital na indução, formação e funcionamento do sistema imunitário do hospedeiro (Belkaid Y, *et al.* 2014). Os principais componentes do sistema imunitário inato e adaptativo do hospedeiro são treinados e desenvolvidos em parte pelo microbioma (Zheng, D., *et al.* 2020).

A investigação revelou que a nutrição pode alterar a função do sistema imunitário através de um mediador microbiano intestinal, uma vez que o microbioma intestinal e o sistema imunitário interagem (Zheng, D., *et al.* 2020).

Os investigadores estão a analisar a forma como o microbioma intestinal pode afetar o sistema imunitário e as respostas ao tratamento do cancro. Descobriu-se que o sistema imunitário e o microbiota intestinal interagem em doenças como o cancro do cólon.

12.1 Microbioma e função do sistema imunitário

O microbioma, que é constituído por uma variedade de bactérias que se encontram no interior e à superfície do corpo humano, tem um grande impacto no bom funcionamento do sistema imunitário. Para manter a saúde geral e prevenir doenças relacionadas com o sistema imunitário, a complexa interação entre o microbiota e o sistema imunitário é essencial.

A colonização microbiana precoce é crucial para a maturação e desenvolvimento do sistema imunitário, especialmente durante a infância.

O sistema imunitário pode aprender a discernir entre substâncias químicas benéficas e perigosas através da exposição a uma variedade de microrganismos, o que promove a tolerância e reduz as respostas imunitárias demasiado reactivas (Round, J. L, *et al.* 2009).

Um risco acrescido de doenças imunomediadas, como alergias, asma e doenças auto-imunes, tem sido associado à ausência ou modificação de exposições microbianas específicas no início da infância.

12.2 Microbioma e regulação imunitária:

Através de várias formas, incluindo o contacto direto com as células imunitárias e a criação de metabolitos que podem afetar as respostas imunológicas, o microbioma interage com o sistema imunitário.

Os ácidos gordos de cadeia curta (AGCC), que são produzidos por microrganismos úteis no intestino, podem alterar a função das células imunitárias e incentivar respostas anti-inflamatórias.

Além disso, os subprodutos e metabolitos microbianos podem afetar o crescimento e o funcionamento das células imunitárias, em especial as células T reguladoras, que apoiam a tolerância imunológica.

As doenças relacionadas com a imunidade podem ser influenciadas por disbiose ou desequilíbrios na composição do microbioma (Maynard, C. L, *et al.* 2012).

O microbioma, uma comunidade diversificada de microrganismos que habitam várias superfícies corporais, desempenha um papel crucial na defesa do hospedeiro, contribuindo para o desenvolvimento e manutenção do sistema imunitário. A interação entre o microbioma e o sistema imunitário do hospedeiro é complexa e bidirecional. As bactérias comensais ajudam na formação e maturação das células imunitárias, promovendo o desenvolvimento de uma resposta imunitária equilibrada. Estes microrganismos estimulam a produção de péptidos antimicrobianos e melhoram a funcionalidade das células imunitárias, ajudando na defesa contra os agentes patogénicos. O microbioma intestinal, em particular, tem um impacto profundo nas respostas imunitárias sistémicas, influenciando não só o sistema imunitário intestinal local, mas também contribuindo para a modulação imunitária em órgãos distantes, incluindo os pulmões e a pele.

A investigação de Belkaid e Hand (2014) salientou a importância do microbioma na formação da tolerância imunitária e na prevenção de respostas imunitárias inadequadas, como as alergias e as doenças auto-imunes. A disbiose, um desequilíbrio na composição do microbioma, tem sido implicada em várias doenças relacionadas com o sistema imunitário. Os probióticos e outras intervenções destinadas a modular o microbioma têm-se mostrado promissores na melhoria dos mecanismos de defesa do hospedeiro.

A compreensão da intrincada relação entre o microbioma e a defesa do hospedeiro fornece informações sobre potenciais estratégias terapêuticas para doenças relacionadas com o sistema imunitário. O aproveitamento das propriedades imunomoduladoras do microbioma é promissor para o desenvolvimento de novas abordagens para apoiar e melhorar a capacidade do hospedeiro para se defender contra infecções e manter a saúde geral.

Através da competição por recursos e área de superfície no corpo, o microbioma serve de defesa contra doenças que o estão a invadir (Gensollen T, *et al.* 2016). Os micróbios benéficos do microbioma podem produzir compostos antimicrobianos que impedem o desenvolvimento de germes patogénicos.

Os péptidos antimicrobianos, que são produzidos por bactérias intestinais específicas e são essenciais para a prevenção de infecções intestinais, estão envolvidos na formação de infecções intestinais.

12.3 Modulando o microbioma para a saúde imunitária:

Os probióticos são bactérias vivas que, quando ingeridas em quantidades suficientes, têm efeitos positivos para a saúde. Podem alterar a atividade do sistema imunitário e melhorar a saúde imunológica.

Os prebióticos podem incentivar especificamente o crescimento de microrganismos benéficos no microbioma e melhorar a função imunitária. As fibras alimentares são um exemplo de um prebiótico.

Uma dieta nutritiva e variada, rica em fibras, frutas, legumes e alimentos fermentados pode apoiar um microbioma equilibrado e um desempenho ótimo do sistema imunitário.

Além disso, os factores relacionados com o estilo de vida, como o exercício regular, o sono suficiente, a gestão do stress e a não utilização excessiva de antibióticos, podem ter um impacto no microbiota e no sistema imunitário. É fundamental lembrar que o estudo da interação entre o sistema imunitário e o microbioma é uma área complicada e em constante evolução. Para compreender completamente os mecanismos subjacentes a esta relação e criar terapias específicas para doenças relacionadas com o sistema imunitário, é necessária mais investigação. Com base em preocupações específicas de saúde imunológica, a consulta de profissionais médicos ou imunologistas pode oferecer conselhos e recomendações individualizados.

13. MICROBIOMA E SAÚDE DO CÉREBRO

O microbioma intestinal, um ecossistema complexo de microrganismos que residem no trato gastrointestinal, desempenha um papel crucial na manutenção da saúde do cérebro através da comunicação bidirecional ao longo do eixo intestino-cérebro. Numerosos estudos demonstraram que o microbiota intestinal pode influenciar vários aspectos da função cerebral, incluindo a cognição, o humor e até mesmo perturbações neurológicas. O microbioma contribui para a produção de neurotransmissores, como a serotonina e o ácido gama-aminobutírico (GABA), que desempenham papéis essenciais na regulação do humor e na função cognitiva. Além disso, o microbioma intestinal está envolvido na produção de ácidos gordos de cadeia curta (AGCC), metabolitos microbianos que demonstraram ter efeitos neuroprotectores e anti-inflamatórios. As perturbações na composição do microbiota intestinal, conhecidas como disbiose, têm sido associadas a doenças neurológicas como a depressão, a ansiedade e as doenças neurodegenerativas. A investigação de Mayer *et al.* (2015) realçou o impacto do microbioma intestinal na estrutura e função do cérebro, destacando o potencial das intervenções direcionadas para o microbioma para promover a saúde do cérebro. A compreensão da intrincada relação entre o microbioma e a saúde do cérebro abre novos caminhos para estratégias terapêuticas, incluindo o uso de probióticos, prebióticos e intervenções dietéticas para modular o microbioma intestinal e influenciar positivamente o bem-estar neurológico

Em termos de saúde e função cerebral, o microbioma tornou-se um campo de estudo interessante. O eixo intestino-cérebro, um sistema de comunicação intrincado entre o microbioma intestinal e o cérebro, afecta muitas facetas da saúde do cérebro, incluindo a função cognitiva, o humor e o comportamento. O efeito do microbioma na saúde do cérebro pode ser resumido nos seguintes pontos principais:

13.1 Microbioma intestinal e produção de neurotransmissores:

O microbioma intestinal, uma comunidade diversificada de microrganismos que residem no trato gastrointestinal, emergiu como um ator-chave na produção e regulação de neurotransmissores, mensageiros químicos essenciais no cérebro que influenciam o humor, a cognição e o comportamento. Várias estirpes de bactérias intestinais são capazes de produzir neurotransmissores diretamente, incluindo a serotonina, a dopamina e o ácido gama-aminobutírico (GABA). Por exemplo, certas espécies de bactérias, como Lactobacillus e Bifidobacterium, contribuem para a síntese de serotonina, um neurotransmissor crucial para a regulação do humor. Além disso, o microbiota intestinal pode influenciar indiretamente os níveis de neurotransmissores, modulando a disponibilidade de moléculas precursoras e regulando as enzimas do hospedeiro envolvidas na síntese de neurotransmissores. A comunicação bidirecional entre o intestino e o cérebro, conhecida como o eixo intestino-cérebro, permite que estes neurotransmissores derivados de micróbios e os seus precursores tenham impacto na função e no comportamento do cérebro. A investigação realizada por Yano *et al.* (2015) demonstrou que a presença de bactérias intestinais específicas influenciava os níveis de serotonina no cólon e no sangue, realçando o papel do microbioma intestinal na produção de neurotransmissores. A compreensão da intrincada interação entre o microbioma intestinal e a regulação dos neurotransmissores fornece informações sobre potenciais estratégias terapêuticas para as condições de saúde mental através de intervenções orientadas para o microbioma.

A serotonina, a dopamina e o ácido gama-aminobutírico (GABA), que são essenciais para a função cerebral e a regulação do humor, são produzidos e regulados pelo microbioma intestinal (Cryan JF, *et al.* 2012)·

Estes neurotransmissores ou os seus precursores podem ser produzidos por microrganismos intestinais específicos, o que pode afetar a disponibilidade das substâncias químicas cerebrais.

Os níveis de neurotransmissores podem ser afectados pela alteração da composição e função do microbiota intestinal, que também pode desempenhar um papel em perturbações do humor como a tristeza e a ansiedade.

13.2 Microbioma e comunicação entre o sistema imunitário e o cérebro:

O desempenho do sistema imunitário é influenciado pelo microbiota intestinal e as células imunitárias podem comunicar com o cérebro através de vários canais diferentes.

A comunicação bidirecional entre o microbioma intestinal e o sistema imunitário tem ganho cada vez mais atenção devido ao seu profundo impacto na saúde em geral, incluindo a intrincada ligação com o cérebro. O microbioma intestinal desempenha um papel fundamental na educação e modulação do sistema imunitário, influenciando as respostas imunitárias tanto a nível local no intestino como a nível sistémico em todo o corpo, incluindo o sistema nervoso central (SNC). Os sinais derivados de micróbios, tais como metabolitos e padrões moleculares associados a micróbios (MAMPs), são reconhecidos pelas células imunitárias, moldando o desenvolvimento e a função do sistema imunitário. Por exemplo, os ácidos gordos de cadeia curta (SCFAs) produzidos pelas bactérias intestinais têm sido implicados na regulação das respostas imunitárias e na promoção de efeitos anti-inflamatórios. Perturbações no microbioma intestinal, conhecidas como disbiose, podem levar à disfunção imunitária, à inflamação e podem contribuir para a neuroinflamação no cérebro. Investigações recentes, como o trabalho de Cryan e Dinan (2012), destacam o papel do microbioma intestinal na regulação dos processos neuro-imunes, realçando o impacto na saúde mental e nas perturbações neurológicas. A compreensão da complexa interação entre o microbioma intestinal e o sistema imunitário no contexto da comunicação cerebral abre caminhos para intervenções terapêuticas que visam o microbioma intestinal para modular as respostas imunitárias e, potencialmente, aliviar as condições neuroinflamatórias.

Como resultado da inflamação intestinal provocada por anomalias no microbioma, podem ser produzidas substâncias químicas pró-inflamatórias, que podem depois influenciar o cérebro e causar neuroinflamação.

De acordo com Tillisch (Tillisch, K. 2014), a neuroinflamação tem sido associada ao início de doenças neurodegenerativas, incluindo a doença de Alzheimer e a doença de Parkinson.

13.3   Microbioma e integridade da barreira hematoencefálica:

A barreira hemato-encefálica (BHE) é uma barreira fisiológica crucial que separa o sistema nervoso central (SNC) da corrente sanguínea, regulando a passagem de substâncias para manter a homeostase cerebral. Investigações recentes revelaram a intrincada relação entre o microbioma intestinal e a integridade da barreira hemato-encefálica, sugerindo um papel potencial dos micróbios intestinais na influência da função do SNC. Estudos demonstraram que o microbiota intestinal pode afetar a integridade da BHE através de vários mecanismos. Por exemplo, os metabolitos derivados das bactérias intestinais, como os ácidos gordos de cadeia curta (AGCC), têm sido implicados no reforço da integridade da BHE. O trabalho de Braniste *et al.* (2014) demonstrou que os ratinhos sem germes, desprovidos de microbiota intestinal, apresentavam uma maior permeabilidade da BHE em comparação com os ratinhos criados convencionalmente, e este efeito podia ser revertido através da colonização com micróbios específicos.

Além disso, o papel do microbioma intestinal na modulação da inflamação sistémica tem implicações para a integridade da BHE. A disbiose na microbiota intestinal tem sido associada ao aumento da inflamação, potencialmente comprometendo a BHE. Braniste *et al.* (2014) descobriram que os ratos sem germes apresentavam níveis elevados de citocinas pró-inflamatórias, sugerindo uma ligação entre a ausência de microbiota intestinal e o aumento da inflamação sistémica que afecta a permeabilidade da BHE.

A compreensão do intrincado cruzamento entre o microbioma intestinal e a barreira hemato-encefálica tem implicações significativas para as doenças neurológicas. As provas emergentes sugerem que as alterações na composição do microbioma intestinal podem contribuir para a disfunção da BHE observada em doenças como a esclerose múltipla e as doenças neurodegenerativas. A comunicação bidirecional ao longo do eixo intestino-cérebro realça a importância de manter um microbioma intestinal saudável para a saúde geral do cérebro.

Em conclusão, a ligação entre o microbioma intestinal e a integridade da barreira hemato-encefálica é uma área de investigação em expansão com profundas implicações para a saúde neurológica. A intrincada interação entre os micróbios intestinais, os seus metabolitos e a inflamação sistémica sublinha a necessidade de investigar mais aprofundadamente as estratégias terapêuticas que visam o microbioma intestinal para manter a integridade da BHE e, potencialmente, atenuar as perturbações neurológicas

A barreira hemato-encefálica, uma barreira protetora que controla o fluxo de substâncias químicas da corrente sanguínea para o cérebro, pode ser afetada pela saúde do microbiota intestinal.

Substâncias nocivas podem entrar no cérebro se a barreira hemato-encefálica estiver comprometida, o que pode levar à neuroinflamação e à neurodegeneração (Foster, J. A, *et al.* 2013).

13.4 Microbioma, Metabolitos e Saúde Cerebral:

O microbioma, que compreende triliões de microrganismos que residem dentro e fora do corpo humano, desempenha um papel crucial na manutenção da saúde geral, com provas emergentes que sugerem um impacto profundo na saúde do cérebro. A intrincada ligação entre o microbioma intestinal e o sistema nervoso central, conhecida como o eixo intestino-cérebro, tem sido objeto de um interesse crescente na investigação científica. Os micróbios do intestino produzem uma miríade de metabolitos, tais como ácidos gordos de cadeia curta (AGCC), neurotransmissores e outros compostos bioactivos que podem influenciar a função cerebral. Por exemplo, certas bactérias intestinais estão envolvidas na produção de neurotransmissores como a serotonina e o ácido gama-aminobutírico (GABA), que são essenciais para a regulação do humor e da função cognitiva.

Estudos de investigação têm demonstrado o papel potencial do microbioma intestinal em doenças neurodegenerativas como a doença de Alzheimer e a doença de Parkinson. Um estudo realizado por Sampson *et al.* (2016) concluiu que os micróbios intestinais influenciam a microglia, as células imunitárias do cérebro, com impacto na neuroinflamação e, consequentemente, na função cognitiva. Além disso, a disbiose microbiana tem sido associada a doenças como a depressão e a ansiedade, enfatizando a comunicação bidirecional entre o intestino e o cérebro. Num estudo de Valles-Colomer *et al.* (2019), as alterações no microbioma intestinal foram associadas à depressão e à ansiedade, com assinaturas microbianas específicas identificadas em indivíduos com estas perturbações de saúde mental.

A influência dos metabolitos derivados dos microbiomas na saúde do cérebro vai para além da produção de neurotransmissores. Os SCFAs, produzidos através da fermentação de fibras alimentares por bactérias intestinais, demonstraram ter efeitos anti-inflamatórios e neuroprotectores. Uma revisão de Dalile *et al.* (2019) discutiu o potencial dos SCFAs na modulação da função cerebral e na prevenção de doenças neurodegenerativas.

Em conclusão, o microbioma e os seus metabolitos associados constituem uma rede complexa que tem um impacto significativo na saúde do cérebro. A compreensão da interação entre o microbioma intestinal, os seus metabolitos e o sistema nervoso central abre novas vias para intervenções terapêuticas dirigidas a doenças neurológicas e psiquiátricas. Embora o campo ainda esteja a evoluir, estas descobertas sublinham a importância de uma abordagem holística da saúde, considerando a intrincada relação entre o intestino e o cérebro

13.5 Modulando o microbioma para a saúde do cérebro:

Foi investigada a possibilidade de os probióticos e prebióticos poderem afetar a função cerebral através da modificação do microbioma intestinal. Algumas estirpes de probióticos demonstraram ter potencial para aliviar os sinais e sintomas de stress, ansiedade e depressão.

Uma microbiota intestinal diversificada e saudável pode ser encorajada por factores dietéticos, como uma dieta rica em fibras e alimentos fermentados, que podem ter um efeito positivo na saúde do cérebro.

O tema da investigação microbioma-cérebro está ainda em desenvolvimento, sendo necessária mais investigação para compreender completamente os mecanismos subjacentes a esta intrincada interação.

14. FACTORES QUE AFECTAM O MICROBIOMA E A SAÚDE

Compreender os factores que influenciam o microbioma é crucial para compreender o seu impacto na saúde humana. Esta exploração analisa vários elementos, como a dieta, o estilo de vida, os medicamentos e as exposições ambientais que moldam a composição e a função do microbioma. A intrincada interação entre estes factores e o microbioma tem implicações de grande alcance para os resultados de saúde, contribuindo para doenças que vão desde as perturbações gastrointestinais à modulação do sistema imunitário. Esta análise exaustiva sintetiza os resultados da investigação atual para esclarecer as relações multifacetadas entre as influências externas e o microbioma, oferecendo perspectivas para intervenções de saúde personalizadas.

14.1 Dieta e seu impacto no microbioma

A variedade e a composição do microbioma são significativamente afectadas pela dieta e pela nutrição. Enquanto algumas refeições podem contribuir para o crescimento de bactérias boas, outras podem ter um efeito negativo no microbioma[64]. Uma dieta rica em fibras, produtos hortícolas, cereais integrais e alimentos ricos em fibras está frequentemente associada a um microbioma mais variado e saudável. Por outro lado, uma dieta rica em vários alimentos processados, açúcar, gorduras más e pouca fibra pode resultar num microbioma desequilibrado e menos diversificado (Sonnenburg, E. D, *et al.* 2016).

14.2 Antibióticos e outros medicamentos

Os antibióticos são fabricados para destruir ou parar o crescimento de bactérias, mas também podem ter um impacto nos microrganismos benéficos do microbioma. Embora os antibióticos sejam necessários para tratar doenças bacterianas, a sua utilização pode perturbar o delicado equilíbrio do microbioma, causando um declínio nas bactérias úteis e possivelmente promovendo o crescimento de bactérias perigosas (Dethlefsen, L, *et al.* 2008). Os inibidores da bomba de protões e os medicamentos anti-inflamatórios não esteróides são mais dois produtos farmacêuticos que têm sido associados a alterações no microbiota (Le Bastard, Q, *et al.* 2018).

14.3 Estilo de vida e factores ambientais:

O microbioma pode ser induzido por uma série de variáveis ambientais e de estilo de vida. Por exemplo, o stress pode alterar a variedade e o equilíbrio do microbioma (Bailey, M. T., *et al.* 2011). O microbioma também pode ser afetado pela falta de sono, por um estilo de vida sedentário e pela exposição a toxinas ou poluição. Um microbioma saudável também pode ser afetado negativamente pela diminuição da exposição precoce a uma variedade de bactérias, como a que resulta de ambientes extremamente estéreis, de acordo com a hipótese da higiene (Li, W, *et al.* 2009).

14.4 Genética:

A genética pode afetar a propensão de uma pessoa para doenças específicas relacionadas com o microbioma, bem como a composição global do microbioma (Goodrich, J. K, *et al.* 2016). De acordo com estudos efectuados, foi demonstrado que certas variantes genéticas têm um impacto na variedade e constância do microbioma. Mas é crucial lembrar que a genética é apenas um dos muitos elementos que contribuem para isso, e as decisões sobre o estilo de vida e o ambiente também podem ter um grande impacto no microbioma (Blekhman, R, *et al.* 2015).

É importante ter em conta estes factores quando se estuda o microbioma e o seu impacto na saúde, uma vez que podem ajudar os investigadores a compreender as interações complexas entre o microbioma e vários aspectos da biologia humana.

15: ESTRATÉGIAS TERAPÊUTICAS PARA A MODULAÇÃO DA MICROBIOMA COM SAÚDE

O microbioma humano, composto por triliões de microrganismos que residem no corpo e sobre o corpo, desempenha um papel crucial na manutenção da saúde e na prevenção da doença. A intrincada interação entre o hospedeiro e o seu microbiota levou a um interesse crescente em estratégias terapêuticas destinadas a modular o microbioma para promover o bem-estar geral. A investigação destacou a associação entre a disbiose, um desequilíbrio na comunidade microbiana, e várias condições de saúde, como a doença inflamatória intestinal, a obesidade e as doenças auto-imunes (Sender *et al.,* 2016). Os probióticos, microrganismos vivos com benefícios comprovados para a saúde, têm sido amplamente estudados pelo seu potencial para restaurar o equilíbrio microbiano. As estirpes de Lactobacillus e Bifidobacterium, entre outras, têm-se mostrado promissoras na promoção da saúde intestinal e no alívio dos sintomas de perturbações gastrointestinais. Os prebióticos, fibras não digeríveis que alimentam seletivamente as bactérias benéficas, constituem outra via para a modulação do microbioma (Hill, C., *et al.* 2014). Além disso, o transplante de microbiota fecal (FMT) ganhou atenção como uma abordagem mais radical, envolvendo a transferência de material fecal de um dador saudável para restaurar a diversidade microbiana (Smits, L. P., *et al.* 2013). Para além destas, está a ser explorado o papel da dieta, dos antibióticos e dos factores do estilo de vida na formação do microbioma. No entanto, é crucial considerar abordagens personalizadas, uma vez que as respostas individuais às intervenções podem variar (Belkaid, Y., *et al.* 2014). Embora o campo esteja em evolução, estas estratégias terapêuticas oferecem perspectivas interessantes para otimizar o microbioma e melhorar os resultados de saúde.

15.1 Papel dos probióticos e prebióticos na promoção da saúde:

As bactérias vivas conhecidas como probióticos podem ajudar a saúde do hospedeiro quando ingeridas em quantidades suficientes. Podem ser diferentes estirpes de leveduras ou bactérias, como as espécies Lactobacillus ou Bifidobacterium. Ao incentivar o crescimento de bactérias úteis e impedir o crescimento de bactérias nocivas, os probióticos podem ajudar na restauração e manutenção de um microbioma saudável. Por outro lado, os prebióticos são fibras não digeríveis que fornecem alimento para as bactérias saudáveis do estômago. Estão presentes em alimentos como cereais integrais, frutas, legumes, leguminosas e produtos à base de leguminosas. Os prebióticos podem promover o crescimento e a atividade das bactérias boas no estômago, alimentando-as.

15.2 Transplante de microbiota fecal (FMT):

A FMT envolve a transferência de fezes de um dador saudável para o trato gastrointestinal de um recetor. É sobretudo utilizada para tratar doenças como infecções recorrentes *por Clostridium difficile*, que estão associadas a disbiose ou alteração do microbioma. A FMT utiliza várias bactérias úteis das fezes do dador para ajudar a reconstruir uma população microbiana saudável. A FMT envolve a transferência de fezes de um dador saudável para o trato gastrointestinal de um recetor. É sobretudo utilizada para tratar doenças como as infecções recorrentes *por Clostridium difficile*, que estão associadas a disbiose ou alteração do microbioma. A FMT utiliza várias bactérias úteis das fezes do dador para ajudar a reconstruir uma população microbiana saudável.

15.3 Intervenções dietéticas:

As intervenções dietéticas implicam a alteração dos hábitos alimentares de forma a terem um efeito favorável no microbioma. Isto pode envolver o aumento da ingestão de alimentos ricos em fibras, alimentos fermentados (como iogurte, kefir e chucrute) e alimentos ricos em polifenóis (como bagas e chá verde). Estas modificações na dieta podem aumentar a diversidade e o equilíbrio do microbioma em geral e incentivar o crescimento de bactérias úteis.

15.4 Terapias microbianas:

As terapias microbianas dizem respeito à utilização de determinados tratamentos baseados em microrganismos para modificar o microbioma. Isto pode implicar a administração de estirpes bacterianas específicas ou dos seus metabolitos, como os ácidos gordos de cadeia curta. Estes tratamentos têm por objetivo tratar perturbações disbióticas específicas ou restabelecer um microbioma equilibrado. Os exemplos incluem a criação de medicamentos baseados em microrganismos ou a utilização de estirpes bacterianas específicas para tratar a doença inflamatória intestinal.

Estas abordagens terapêuticas estão atualmente a ser estudadas e a sua eficácia e segurança podem variar consoante o indivíduo e a situação em causa.

16. DIRECÇÕES FUTURAS E DESAFIOS DO MICROBIOMA INVESTIGAÇÃO NA SAÚDE

Nos últimos anos, a investigação sobre o microbioma tem assistido a uma mudança de paradigma, impulsionada pelos avanços nas tecnologias emergentes que oferecem conhecimentos sem precedentes sobre as comunidades microbianas complexas e dinâmicas que residem no corpo humano. A integração de técnicas de sequenciação de alto rendimento, como a metagenómica, a metatranscriptómica e a metaproteómica, permitiu aos investigadores explorar a composição taxonómica, o potencial funcional e os perfis de expressão genética do microbioma com uma resolução sem precedentes (Sender *et al.*, 2016; Pasolli *et al.*, 2019). Além disso, as tecnologias de sequenciamento de célula única revelaram a heterogeneidade dentro das populações microbianas, lançando luz sobre os comportamentos individuais das espécies microbianas dentro de uma comunidade (Bikel *et al.*, 2015). A metabolómica, que utiliza espetrometria de massa e ressonância magnética nuclear, surgiu como uma ferramenta poderosa para caraterizar as pequenas moléculas produzidas pela microbiota, fornecendo informações cruciais sobre as suas actividades funcionais e o seu impacto na fisiologia do hospedeiro (Lloyd-Price *et al.*, 2017). Além disso, a integração de técnicas de inteligência artificial e de aprendizagem automática facilitou a análise e a interpretação de conjuntos de dados maciços gerados por estas tecnologias, ajudando na identificação de biomarcadores microbianos associados à saúde e à doença (Zou *et al.*, 2019). Apesar desses avanços notáveis, desafios como a integração de dados, a padronização de metodologias e considerações éticas permanecem, ressaltando a necessidade de esforços colaborativos entre pesquisadores, clínicos e bioinformáticos para aproveitar todo o potencial da pesquisa do microbioma para o avanço da saúde humana.

O campo em expansão da investigação do microbioma abriu caminhos interessantes para potenciais aplicações terapêuticas na saúde. A compreensão da intrincada interação entre o hospedeiro e os seus habitantes microbianos conduziu ao desenvolvimento de intervenções específicas que aproveitam o potencial terapêutico do microbioma. O transplante de microbiota fecal (FMT) destaca-se como uma abordagem promissora, com eficácia comprovada no tratamento de infecções recorrentes por Clostridium difficile através do restabelecimento de um equilíbrio microbiano saudável (van Nood *et al.*, 2013). Os probióticos artificiais, dotados de funcionalidades específicas ou da capacidade de fornecer cargas terapêuticas, oferecem uma estratégia sofisticada para modular o microbioma para obter benefícios terapêuticos (Mimee *et al.*, 2016). Além disso, a identificação de metabolitos derivados de micróbios com propriedades bioactivas levou à exploração de pequenas moléculas como potenciais agentes terapêuticos. Por exemplo, os ácidos gordos de cadeia curta (SCFAs) produzidos por bactérias intestinais têm sido implicados na manutenção da homeostase intestinal e na mitigação da inflamação, sugerindo o seu potencial terapêutico em vários distúrbios inflamatórios (Ríos-Covián *et al.*, 2016). Além disso, terapias personalizadas baseadas em microbiomas, informadas pelo perfil microbiano único de um indivíduo, estão no horizonte, sendo promissoras para intervenções mais direcionadas e eficazes (Zmora *et al.*, 2019). À medida que essas estratégias terapêuticas avançam, desafios como padronização, segurança e considerações éticas precisarão ser abordados para desbloquear todo o potencial das intervenções baseadas em microbiomas para melhorar a saúde humana.

16.1 Medicina de precisão e intervenções personalizadas no microbioma:

A criação de estratégias de medicina de precisão para terapias personalizadas do microbioma é uma das prioridades futuras da investigação neste domínio. As diferenças individuais no microbiota podem afetar a forma como uma pessoa responde à terapia e a sua suscetibilidade a determinadas doenças. Os investigadores podem criar estratégias específicas para regular o microbioma e melhorar os resultados em termos de saúde, estudando os perfis individuais do microbioma associados a determinadas doenças ou perturbações. Isto pode implicar modificações dietéticas especificamente adaptadas ao microbioma de cada pessoa, como probióticos, prebióticos ou mesmo o transplante de microbiota fecal (FMT). Através da disponibilização de tratamentos mais individualizados e eficazes, as intervenções de precisão no microbioma têm o potencial de revolucionar os cuidados de saúde.

16.2 Segurança e eficácia a longo prazo de terapias baseadas em microbiomas:

Os probióticos e outros medicamentos baseados no microbioma, como a FMT, demonstraram benefícios encorajadores em algumas doenças, mas é necessária mais investigação para determinar a sua eficácia e segurança a longo prazo. As intervenções no microbioma podem ter um impacto significativo no ecossistema microbiano do organismo, pelo que é importante garantir que não têm repercussões inesperadas ou impactos negativos. Para avaliar a segurança, a longevidade e a eficácia das terapêuticas baseadas no microbioma em várias populações e perturbações, é necessária uma investigação exaustiva e ensaios clínicos rigorosos. Para garantir a uniformidade e a reprodutibilidade destes medicamentos, devem também ser implementados procedimentos operacionais normalizados e métodos de controlo de qualidade.

16.3 Compreender as interações entre o microbioma e o hospedeiro:

O desenvolvimento de um conhecimento mais profundo das interações entre o microbioma e o hospedeiro é outro tópico crucial da investigação futura. O microbioma é crucial para muitas funções fisiológicas, como a digestão, o metabolismo, a resposta imunológica e a saúde mental. Compreender os mecanismos através dos quais a fisiologia do hospedeiro e o microbiota interagem para se afectarem mutuamente é crucial para a criação de intervenções e tratamentos especializados. Para tal, é necessário investigar as vias de sinalização, a troca de metabolitos e as interações moleculares que ocorrem entre o microbioma e as células do hospedeiro. Os métodos multiómicos, que incluem a metabolómica, a metatranscriptómica e a metagenómica, são técnicas sofisticadas que podem esclarecer estas ligações complexas. Além disso, a biologia de sistemas e as técnicas de modelização informática podem ajudar a integrar dados complexos para fornecer modelos pormenorizados das interações entre o microbioma e o hospedeiro.

As técnicas de medicina de precisão para intervenções individualizadas, garantindo a segurança e a eficácia a longo prazo das terapêuticas baseadas no microbioma, e aumentando a nossa compreensão das interações complexas entre o microbioma e o hospedeiro são as próximas direcções da investigação sobre o microbioma. Ao abordar estas questões, podemos criar novas terapias direcionadas para o microbioma e abrir a porta a métodos de cuidados de saúde mais eficazes.

17. CONCLUSÃO

A complexa população de micróbios que reside dentro e sobre o corpo humano é designada por microbioma, e tornou-se tão vibrante que desempenha um papel significativo tanto na saúde como na doença. Numerosos estudos demonstraram a enorme influência do microbioma numa série de funções fisiológicas, incluindo a resposta imunitária, a digestão, o metabolismo e até a saúde do cérebro. A disbiose, um desequilíbrio ou alteração da estrutura e função do microbioma, tem sido relacionada com o aparecimento e desenvolvimento de muitas doenças, incluindo diferentes perturbações gastrointestinais, perturbações metabólicas, doenças auto-imunes e até perturbações da saúde mental.

Surgiram novas oportunidades para intervenções diagnósticas, terapêuticas e preventivas em resultado da nossa crescente compreensão do papel do microbioma na saúde e na doença. Para controlar o microbioma e restaurar o seu equilíbrio numa variedade de doenças, os investigadores investigaram estratégias baseadas no microbioma, como prebióticos, probióticos, modificações dietéticas e transplante de microbiota fecal (FMT). Os resultados encorajadores destas abordagens mostram como as terapêuticas direcionadas para o microbioma têm o potencial de transformar os cuidados de saúde, melhorando os resultados para os doentes.

O estudo do microbioma está ainda a dar os primeiros passos, pelo que há ainda muitos obstáculos a ultrapassar. As relações intrincadas entre o microbioma e o hospedeiro e os processos através dos quais o microbioma afecta a saúde e a doença exigem um estudo mais aprofundado. Para garantir a durabilidade e a eficácia das terapias baseadas no microbioma, são necessários estudos de segurança e eficácia a longo prazo. Para garantir a consistência e a reprodutibilidade da investigação do microbioma e das aplicações terapêuticas, é necessário implementar métodos normalizados, mecanismos de controlo da qualidade e quadros regulamentares.

Além disso, como o microbioma é muito personalizado, são necessários planos de tratamento específicos para obter os melhores resultados terapêuticos possíveis. Para utilizar plenamente o potencial do microbioma para cuidados de saúde personalizados, os procedimentos de medicina de precisão, como a identificação de perfis específicos do microbioma associados a várias doenças e a criação de terapias adaptadas, são muito promissores.

Um apelo convincente à ação chama os investigadores a aprofundar o intrincado domínio do microbioma e da saúde, apelando a um esforço concertado para desbloquear todo o potencial deste campo em expansão. À medida que continuamos a desvendar o profundo impacto das comunidades microbianas no bem-estar humano, torna-se imperativo colmatar lacunas críticas no conhecimento. Em primeiro lugar, são necessários esforços de investigação colaborativos e multidisciplinares para compreender de forma abrangente a intrincada dinâmica do microbioma em diversas populações, tendo em conta factores como a geografia, a idade e o estilo de vida. Estudos longitudinais robustos são essenciais para elucidar as relações causais entre as variações do microbioma e os resultados de saúde, lançando luz sobre o potencial de intervenções preventivas e terapêuticas. Além disso, a integração de tecnologias de ponta, incluindo abordagens ómicas avançadas, inteligência artificial e biologia de sistemas, permitirá aos investigadores decifrar a complexidade dos ecossistemas microbianos com uma precisão sem precedentes. A normalização das metodologias, a partilha de dados e o estabelecimento de orientações éticas são fundamentais para garantir a fiabilidade e a reprodutibilidade da investigação sobre o microbioma. Um apelo a um maior financiamento e apoio é crucial para impulsionar iniciativas de investigação inovadoras que possam traduzir as descobertas científicas em aplicações clínicas tangíveis, abrindo caminho, em última análise, a intervenções personalizadas baseadas no microbioma. Ao promover uma agenda de investigação colaborativa e global, podemos aproveitar o poder transformador da investigação do microbioma para revolucionar os cuidados de saúde e melhorar a vida das pessoas em todo o mundo.

18: REFERÊNCIAS

1.	Aagaard, K., Riehle, K., Ma, J., Segata, N., Mistretta, T. A., Coarfa, C., & Petrosino, J. A metagenomic approach to characterization of the vaginal microbiome signature in pregnancy. PLoS ONE. 2012; 7(6): e36466. doi.org/10.1371/journal.pone.0036466

2.	Abubucker, S., Segata, N., Goll, J., Schubert, A. M., Izard, J., Cantarel, B. L., & Huttenhower, C. Metabolic reconstruction for metagenomic data and its application to the human microbiome. PLoS Computational Biology. 2012; 8(6): e1002358. doi.org/10.1371/journal.pcbi.1002358

3.	Bailey, M. T., Dowd, S. E., Galley, J. D., Hufnagle, A. R., Allen, R. G., & Lyte, M. Exposure to a social stressor alters the structure of the intestinal microbiota: implications for stressor-induced immunomodulation. Brain, behavior, and immunity. 2011; 25(3): 397-407. doi: 10.1016/j.bbi.2010.10.023

4.	Bashiardes, S., Zilberman-Schapira, G., Elinav, E., & Segal, E. Metagenomic Shotgun Sequencing and Unbiased Metabolomic Profiling Identify Specific Human Gut Microbiota and Metabolites Associated with Immune-Mediated Inflammatory Diseases. Cell. 2016; 167(6): 1525-1536.e14. doi.org/10.1016/j.cell.2016.10.048

5.	Belkaid Y, Hand TW. Role of the microbiota in immunity and inflammation. Cell. 2014; 157(1):121-141. doi:10.1016/j.cell.2014.03.011

6.	Belkaid, Y., & Tamoutounour, S. The influence of skin microorganisms on cutaneous immunity (A influência dos microrganismos da pele na imunidade cutânea). Nature Reviews Immunology. 2016; 16(6): 353-366. doi: 10.1038/nri.2016.48

7.	Bikel, S., Valdez-Lara, A., Cornejo-Granados, F., Rico, K., Canizales-Quinteros, S., Soberón, X., Pérez-Montfort, R. Combining metagenomics, metatranscriptomics and viromics to explore novel microbial interactions: towards a systems-level understanding of human microbiome. Revista de Biotecnologia Computacional e Estrutural. 2015; 13: 390-401.

8.	Blekhman, R., Goodrich, J. K., Huang, K., Sun, Q., Bukowski, R., Bell, J. T. & Ley, R. E. Host genetic variation impacts microbiome composition across human body sites. Genome Biol. 2015; 16: 191. doi.org/10.1186/s13059-015-0759-1

9.	Braniste, V., Al-Asmakh, M., Kowal, C., Anuar, F., Abbaspour, A., Tóth, M., & Pettersson, S. The gut microbiota influences blood-brain barrier permeability in mice. Science Translational Medicine. 2014; 6(263): 263ra158.

10.	Brock, T. D. Robert Koch/A Life in Medicine and Bacteriology. ASM Press,

Washington. 1998.

11.   Buffie CG, Pamer EG. Microbiota-mediated colonization resistance against intestinal pathogens. Nat Rev Immunol. 2013; 13 (11):790-801.

12.   Cani PD, Van Hul M, Lefort C, Depommier C, Rastelli M, Neyrinck AM. Microbial regulation of organismal energy homeostasis (Regulação microbiana da homeostase energética do organismo). Nat Metab. 2019; 1(1):34-46. doi: 10.1038/s42255-018-0006-9

13.   Caporaso, J. G., Kuczynski, J., Stombaugh, J., Bittinger, K., Bushman, F. D., Costello, E. K., & Knight, R. QIIME allows analysis of high-throughput community sequencing data. Nature Methods. 2010; 7(5): 335-336. doi.org/10.1038/nmeth.f.303

14.   Caporaso, J. G., Lauber, C. L., Walters, W. A., Berg-Lyons, D., Huntley, J., Fierer, N., Owens, S. M., Betley, J., Fraser, L., Bauer, M., Gormley, N., Gilbert, J. A., Smith, G., & Knight, R. Ultra-high-throughput microbial community analysis on the Illumina HiSeq and MiSeq platforms. The ISME Journal. 2012; 6(8): 1621-1624. doi.org/10.1038/ismej.2012.8

15.   Charlson, E. S., Bittinger, K., Haas, A. R., Fitzgerald, A. S., Frank, I., Yadav, A., & Collman, R. G. Topographical continuity of bacterial populations in the healthy human respiratory tract. American Journal of Respiratory and Critical Care Medicine. 2011; 184(8): 957-963. doi.org/10.1164/rccm.201104-0655OC

16.   Cho I, Blaser MJ. The human microbiome: at the interface of health and disease. Nat Rev Genet. 2012; 13 (4):260-270.

17.   Chu, D. M., Ma, J., Prince, A. L., Antony, K. M., Seferovic, M. D., & Aagaard, K. M. Maturation of the infant microbiome community structure and function across multiple body sites and in relation to mode of delivery. Nature Medicine. 2017; 23(3): 314-326. doi.org/10.1038/nm.4272

18.   Cresci GA, Bawden E. Gut Microbiome: What We Do and Don't Know. Nutr Clin Pract. 2015; 30 (6): 734-46. doi: 10.1177/0884533615609899.

19.   Cryan JF, Dinan TG. Mind-altering microorganisms: the impact of the gut microbiota on brain and behaviour (Microrganismos que alteram a mente: o impacto do microbiota intestinal no cérebro e no comportamento). Nat Rev Neurosci. 2012; 13 (10):701-712.

20.   Dalile, B., Van Oudenhove, L., Vervliet, B., & Verbeke, K. The role of short-chain fatty acids in microbiota-gut-brain communication. Nature Reviews Gastroenterology & Hepatology. 2019; 16(8): 461-478.

21.   David, L. A., Maurice, C. F., Carmody, R. N., Gootenberg, D. B., Button, J. E.,

Wolfe, B. E., & Turnbaugh, P. J. Diet rapidly and reproducibly alters the human gut microbiome. Nature. 2014; 505(7484): 559-563. https://doi.org/10.1038/nature12820

22.   de Vos WM, Tilg H, Van Hul M. Gut microbiome and health: mechanistic insights.

23.   Dethlefsen, L., Huse, S., Sogin, M. L., & Relman, D. A. The pervasive effects of an antibiotic on the human gut microbiota, as revealed by deep 16S rRNA sequencing. PLoS biology. 2008; 6(11): e280. doi: 10.1371/journal.pbio.0060280

24.   Dickson, R. P., & Huffnagle, G. B. The Lung Microbiome: New Principles for Respiratory Bacteriology in Health and Disease (Novos Princípios para a Bacteriologia Respiratória na Saúde e na Doença). PLoS Pathogens. 2015; 11(7): e1004923. doi.org/10.1371/journal.ppat.1004923

25.   Dickson, R. P., Erb-Downward, J. R., Freeman, C. M., McCloskey, L., Falkowski, N. R., Huffnagle, G. B., & Curtis, J. L. Topografia bacteriana do trato respiratório inferior humano saudável. mBio. 2017; 8(1): e02287-16. doi.org/10.1128/mBio.02287-16

26.   Dinan, T. G., & Cryan, J. F. Gut instincts: microbiota as a key regulator of brain development, ageing and neurodegeneration. Journal of Physiology. 2017; 595(2): 489-503. doi.org/10.1113/JP273106

27.   Dobell, C. Antony van Leeuwenhoek and his "Little Animals". Harcourt, Brace and Company, NY. 1932; 435.

28.   Dréno, B., Pécastaings, S., Corvec, S., Veraldi, S., Khammari, A., & Roques, C. Cutibacterium acnes (Propionibacterium acnes) and acne vulgaris: a brief look at the latest updates. Jornal da Academia Europeia de Dermatologia e Venereologia. 2016; 30(1): 5-14. doi: 10.1111/jdv.13882

29.   Fitz-Gibbon, S., Tomida, S., Chiu, B. H. Propionibacterium acnes strain populations in the human skin microbiome associated with acne. Journal of Investigative Dermatology. 2014; 134(4): 870-873. doi: 10.1038/jid.2013. 495

30.   Fosso, B., Santamaria, M., Marzano, M., Alonso-Alemany, D., Valiente, G., & Donvito, G. BioMaS: a modular pipeline for Bioinformatic analysis of Metagenomic AmpliconS. BMC Bioinformatics. 2017; 18(1): 118. doi.org/10.1186/s12859-017-1524-9

31.   Foster JA, McVey Neufeld KA. Gut-brain axis: how the microbiome influences anxiety and depression (Eixo intestino-cérebro: como o microbioma influencia a ansiedade e a depressão). Trends Neurosci. 2013; 36 (5):305-312.

32.   Fredricks, D. N., & Fiedler, T. L. Marrazzo JM Molecular identification of bacteria associated with bacterial vaginosis. New England Journal of Medicine. 2005; 353(18): 18991911.

33. Gensollen T, Iyer SS, Kasper DL, Blumberg RS. Como a colonização pela microbiota no início da vida molda o sistema imunitário. Science. 2016; 352(6285):539-44.

34. Gibson, G. R., Hutkins, R., Sanders, M. E., Prescott, S. L., Reimer, R. A., Salminen, S. J., & Verbeke, K. Documento de consenso de especialistas: The International Scientific Association for Probiotics and Prebiotics (ISAPP) consensus statement on the definition and scope of prebiotics. Nature Reviews Gastroenterology & Hepatology. 2017; 14(8), 491-502. doi: 10.1038/nrgastro.2017.75

35. Gilbert JA, Blaser MJ, Caporaso JG, Jansson JK, Lynch SV e Knight R. Compreensão atual do microbioma humano Nat Med. 2018; 24(4):392-400. doi:10.1038/nm. 4517

36. Gilbert, J. A., Jansson, J. K., & Knight, R. The Earth Microbiome project: successes and aspirations. BMC Biology. 2014; 12: 69. doi.org/10.1186/s12915-014-0069-1

37. Goodrich, J. K., Davenport, E. R., Beaumont, M., Jackson, M. A., Knight, R., Ober, C. & Ley, R. E. Genetic determinants of the gut microbiome in UK twins. Cell Host & Microbe. 2016; 19(5):731-743. https://doi.org/10.1016/_j.chom.2016.04.017

38. Grice, E. A., & Segre, J. A. O microbioma da pele. Nature Reviews Microbiology. 2011; 9(4): 244-253. doi: 10.1038/nrmicro2537

39. Guéniche, A., Philippe, D., & Bastien, P. Probióticos para a saúde da pele: mito ou realidade? Journal of Dermatological Treatment. 2018; 29(1): 84-88. doi: 10.1080/09546634.2017.1314482 Gut. 2022; 71:1020-1032.

40. Hajishengallis, G. Periodontitis: from microbial immune subversion to systemic inflammation (Periodontite: da subversão imunitária microbiana à inflamação sistémica). Nature Reviews Immunology. 2015; 15(1): 30-44. doi: 10.1038/nri3785

41. Handelsman, J. Metagenomics: application of genomics to uncultured microorganisms (Metagenómica: aplicação da genómica a microrganismos não cultivados). Microbiology and Molecular Biology Reviews. 2004; 68(4): 669-685. doi.org/10.1128/MMBR.68.4.669-685.2004

42. He, Y., Wu, W., Zheng, H. M., Li, P., McDonald, D., Sheng, H. F., & Hui, W. A variação regional limita as aplicações dos intervalos de referência do microbioma intestinal saudável e dos modelos de doença. Nature Medicine. 2018; 24(10): 1532-1535. doi.org/10.1038/s41591-018-0164-x

43. Hill, C., Guarner, F., Reid, G., Gibson, G. R., Merenstein, D. J., Pot, B. & Sanders, M. E. The International Scientific Association for Probiotics and Prebiotics consensus

statement on the scope and appropriate use of the term probiotic. Nature Reviews Gastroenterology & Hepatology. 2014; 11(8), 506-514. doi: 10.1038/nrgastro.2014.66

44.	Honda K, Littman DR. The microbiota in adaptive immune homeostasis and disease. Nature. 2016; 535 (7610):75-84.

45.	Hou, D., Zhou, X., Zhong, X., Settles, M. L., Herring, J., Wang, L., & Li, L. Microbiota of the seminal fluid from healthy and infertile men. Fertility and Sterility (Fertilidade e Esterilidade). 2013; 100(5): 12611269. doi.org/10.1016/j.fertnstert.2013.07.1993

46.	Hou, K., Wu, ZX. Chen, XY. Microbiota na saúde e nas doenças. Sig Transduct Target Ther. 2022; 7: 135. doi.org/10.1038/s41392-022-00974-4

47.	Consórcio do Projeto Microbioma Humano. Structure, function and diversity of the healthy human microbiome (Estrutura, função e diversidade do microbioma humano saudável). Nature. 2012; 486(7402): 207-214. doi.org/10.1038/nature11234

48.	Jepsen, S., & Suvan, J. Deschner. The association of periodontitis and cardiovascular disease-A state-of-the-art review. Jornal de Periodontologia Clínica. 2019: 46 (Suppl 21); 6984. doi: 10.1111/jcpe.13104

49.	Kong, H. H., Oh, J., Deming, C., Conlan, S., Grice, E. A., Beatson, M. A., & Segre, J. A. Temporal shifts in the skin microbiome associated with disease flares and treatment in children with atopic dermatitis. Genome Research. 2012; 22(5): 850-859. doi: 10.1101/gr.131029.111

50.	Koren, O., Goodrich, J. K., Cullender, T. C., Spor, A., Laitinen, K., Kling Backhed, H., & Ley, R. E. Host remodeling of the gut gut microbiome and metabolic changes during pregnancy. Cell. 2012; 150(3): 470-480. doi.org/10.1016/j.cell.2012.07.008

51.	Lamont, R. J., & Hajishengallis, G. Polymicrobial synergy and dysbiosis in inflammatory disease. Tendências em Medicina Molecular. 2015; 21(3): 172-183. doi: 10.1016/j .molmed.2014.11.004

52.	Langille, M. G., Zaneveld, J., Caporaso, J. G., McDonald, D., Knights, D., Reyes, J. A., & Huttenhower, C. Predictive functional profiling of microbial communities using 16S rRNA marker gene sequences. Nature Biotechnology. 2013; 31(9): 814-821. doi.org/10.1038/nbt.2676

53.	Le Bastard, Q., Al-Ghalith, G. A., Grégoire, M., Chapelet, G., Javaudin, F., Dailly, E & Batard, E. Systematic review: human gut dysbiosis induced by non-antibiotic prescription medications. Farmacologia alimentar e terapêutica. 2018; 47(3): 332-345. doi: 10.1111/apt.14484

54.   Li, W., Dowd, S. E., Scurlock, B., Acosta-Martinez, V., & Lyte, M. Memory and learning behavior in mice is temporally associated with diet-induced alterations in gut bacteria.   Physiology   &   behavior.   2009;   96(4-5):   557-567.   doi: 10.1016/j.physbeh.2008.12.004

55.   Lloyd-Price, J., Abu-Ali, G., & Huttenhower, C. The healthy human microbiome. Genome Medicine. 2016; 8(1): 51. doi.org/10.1186/s13073-016-0307-y

56.   Lloyd-Price, J., Arze, C., Ananthakrishnan, A. N., Schirmer, M., Avila-Pacheco, J., Poon, T. W., & Huttenhower, C. Multi-omics of the gut microbial ecosystem in inflammatory bowel diseases. Nature. 2019; 569(7758): 655-662. doi.org/10.1038/s41586-019-1237-9

57.   Lloyd-Price, J., Mahurkar, A., Rahnavard, G., Crabtree, J., Orvis, J., Hall, A. B. Xavier, R. J. Strains, functions and dynamics in the expanded Human Microbiome Project. Nature. 2017; 550(7674): 61-66.

58.   Lynch, S. V., & Pedersen, O. The human intestinal microbiome in health and disease (O microbioma intestinal humano na saúde e na doença). Jornal de Medicina da Nova Inglaterra. 2016; 375(24), 2369-2379. doi: 10.1056/NEJMra1600266

59.   Ma, B., Forney, L. J., & Ravel, J. Vaginal microbiome: rethinking health and disease. Revisão Anual de Microbiologia. 2012; 66: 371-389. doi.org/10.1146/annurev-micro-092611- 150157

60.   Ma, Q., Xing, C., Long, W., Wang, H. Y., Liu, Q., & Wang, R. F. Impact of microbiota on central nervous system and neurological diseases: the gut-brain axis. Jornal de Neuroinflamação. 2019; 16(1): 53. doi.org/10.1186/s12974-019-1444-3

61.   Man, W. H., & de Steenhuijsen Piters, W. A. A. Bogaert D. The microbiota of the respiratory tract: gatekeeper to respiratory health. Nature Reviews Microbiology. 2019; 17(5): 259-270. doi.org/10.1038/s41579-019-0155-6

62.   Marchesi JR, Adams DH, Fava F, Hermes GD, Hirschfield GM, Hold G, Quraishi MN, Kinross J, Smidt H, Tuohy KM, Thomas LV, Zoetendal EG, Hart A. The gut microbiota and host health: a new clinical frontier. Gut. 2016; 65(2): 330-9. doi: 10.1136/gutjnl-2015-309990.

63.   Marsh, P. D. Dental plaque as a biofilm and a microbial community-implications for health and disease. BMC Oral Health. 2006; 6(Suppl 1): S14. doi: 10.1186/1472-6831-6-S1-S14

64.   Marsland, B. J., Gollwitzer, E. S., & Host-microorganism interactions in lung diseases. Nature Reviews Immunology. 2015; 15(2): 55-67. doi.org/10.1038/nri3787

65.   Mayer, E. A., Knight, R., Mazmanian, S. K., Cryan, J. F., & Tillisch, K. Gut microbes and the brain: paradigm shift in neuroscience. Journal of Neuroscience. 2015; 35(41): 1410714117.

66.   Maynard, C. L., Elson, C. O., Hatton, R. D., & Weaver, C. T. Reciprocal interactions of the intestinal microbiota and immune system. Nature. 2012; 489(7415): 231-241

67.   McDonald, D., Hyde, E., Debelius, J. W., Morton, J. T., Gonzalez, A., Ackermann, G., & Knight, R. American Gut: uma plataforma aberta para a investigação do microbioma da ciência cidadã. mSystems. 2018; 3(3): e00031-18. doi.org/10.1128/mSystems.00031-18

68.   Meurman, J. H., & Sanz, M. Oral health, atherosclerosis, and cardiovascular disease. Revisões críticas em biologia oral e medicina. 2018; 29(6): 768-780. doi: 10.1177/1544111318782887

69.   Mimee, M., Nadeau, P., Hayward, A., Carim, S., Flanagan, S., Jerger, L., Lu, T. K. Um sistema bacteriano-eletrónico ingerível para monitorizar a saúde gastrointestinal. Science. 2016; 360(6391) : 915-918.

70.   Moise, Ana Maria. The Gut Microbiome: Explorando a conexão entre micróbios, dieta e saúde. Greenwood, 2017. ABC-CLIO, publisher.abc-clio.com/9781440842658.

71.   Moreno, I., Codoñer, F. M., Vilella, F., Valbuena, D., Martinez-Blanch, J. F., Jimenez-Almazán, J., & Pellicer, A. Evidence that the endometrial microbiota has an effect on implantation success or failure. American Journal of Obstetrics and Gynecology. 2016; 215(6): 684-703. doi.org/10.1016/j.ajog.2016.09.075

72.   Nicholson, J. K., Lindon, J. C., & Holmes, E. (1999). 'Metabonomics': compreensão das respostas metabólicas dos sistemas vivos a estímulos fisiopatológicos através da análise estatística multivariada de dados espectroscópicos biológicos de RMN. Xenobiotica. 1999; 29(11): 1181-1189. doi.org/10.1080/004982599238047

73.   Pace, N. R. A molecular view of microbial diversity and the biosphere (Uma visão molecular da diversidade microbiana e da biosfera). Science. 1997; 276(5313): 734-740. doi.org/10.1126/science.276.5313.734

74.   Pasolli, E., Asnicar, F., Manara, S., Zolfo, M., Karcher, N., Armanini, F., Segata, N. Extensa diversidade inexplorada do microbioma humano revelada por mais de 150.000 genomas de metagenomas que abrangem idade, geografia e estilo de vida. Cell. 2019; 176(3): 649-662.

75.   Qin, J., Li, R., Raes, J., Arumugam, M., Burgdorf, K. S., Manichanh, C., Nielsen, T., Pons, N., Levenez, F., Yamada, T., Mende, D. R., Li, J., Xu, J., Li, S., Li, D., Cao, J.,

Wang, B., Liang, H., Zheng, H. & Wang, J. Um catálogo de genes microbianos do intestino humano estabelecido por sequenciação metagenómica. Nature. 2010; 464(7285): 59-65. doi.org/10.1038/nature08821

76.   Quigley EM. Gut bacteria in health and disease (Bactérias intestinais na saúde e na doença). Gastroenterol Hepatol. 2013; 9(9): 5609.

77.   Quince, C., Walker, A. W., Simpson, J. T., Loman, N. J., & Segata, N. Shotgun metagenomics, from sampling to analysis. Nature Biotechnology. 2017; 35(9): 833-844. doi.org/10.1038/nbt.3935

78.   Ravel, J., Gajer, P., Abdo, Z., Schneider, G. M., Koenig, S. S. K., McCulle, S. L., & Forney, L. J. Vaginal microbiome of reproductive-age women. Actas da Academia Nacional de Ciências. 2011; 108(Suplemento 1): 4680-4687. doi.org/10.1073/pnas.1002611107

79.   Rinke, C., Schwientek, P., Sczyrba, A., Ivanova, N. N., Anderson, I. J., Cheng, J. F., & Woyke, T. Insights into the phylogeny and coding potential of microbial dark matter. Nature. 2013; 499(7459): 431-437. doi.org/10.1038/nature12352

80.   Ríos-Covián, D., Ruas-Madiedo, P., Margolles, A., Gueimonde, M., de los Reyes-Gavilán, C. G., & Salazar, N. Intestinal short chain fatty acids and their link with diet and human health. Fronteiras em Microbiologia. 2016; 7: 185.

81.   Round JL, Mazmanian SK. The gut microbiota shapes intestinal immune responses during health and disease. Nat Rev Immunol. 2009; 9 (5): 313-23. doi: 10.1038/nri2515.

82.   Sampaio-Maia, B., & Monteiro-Silva, F. Aquisição e maturação do microbioma oral ao longo da infância: Uma atualização. Dental Research Journal. 2014; 11(3): 291-301. doi: 10.4103/1735-3327.134087

83.   Sampson, T. R., Debelius, J. W., Thron, T., Janssen, S., Shastri, G. G., Ilhan, Z. E. & Mazmanian, S. K. Gut microbiota regulate motor deficits and neuroinflammation in a model of Parkinson's disease. Cell. 2016; 167(6): 1469-1480.

84.   Segal, L. N., Clemente, J. C., Tsay, J. C., Koralov, S. B., Keller, B. C., Wu, B. G., & Weiden, M. D. Enriquecimento do microbioma pulmonar com taxa oral está associado a inflamação pulmonar de um fenótipo Th17. Nature Microbiology. 2016; 1(5): 16031. doi.org/10.1038/nmicrobiol.2016.31

85.   Sender, R., Fuchs, S., & Milo, R. Revised estimates for the number of human and bacteria cells in the body. PLOS Biology. 2016; 14(8): e1002533.

86.   Shreiner AB, Kao JY, Young VB. The gut microbiome in health and in disease (O microbioma intestinal na saúde e na doença). Curr Opin Gastroenterol. 2015; 31(1):69-75.

doi: 10.1097/MOG.0000000000000139.

87.   Singh RK, Chang HW, Yan D, Lee KM, Ucmak D, Wong K, Abrouk M, Farahnik B, Nakamura M, Zhu TH, Bhutani T, Liao W. Influence of diet on the gut microbiome and implications for human health. J Transl Med. 2017; 15 (1): 73. doi: 10.1186 / s12967-017-1175-y.

88.   Smits, L. P., Bouter, K. E., de Vos, W. M., Borody, T. J., & Nieuwdorp, M. TherapeuticPotential of Fecal Microbiota Transplantation. Gastroenterology. 101 3; 145(5): 946-953. doi.org/10.1053/j.gastro.2013.08.058

89.   Smolinska, A., Blanchet, L., Buydens, L. M., & Wijmenga, S. S. NMR e métodos de reconhecimento de padrões em metabolómica: da aquisição de dados à descoberta de biomarcadores: uma revisão. Analytica Chimica Ata. 2012; 750:82-97. doi.org/10.1016/j.aca.2012.05.049

90.   Sonnenburg JL, Backhed F. Diet-microbiota interactions as moderators of human metabolism (Interações dieta-microbiota como moderadores do metabolismo humano). Nature. 2016; 535 (7610):56-64.

91.   Sonnenburg, E. D., Smits, S. A., Tikhonov, M., Higginbottom, S. K., Wingreen, N. S., & Sonnenburg, J. L. Diet-induced extinctions in the gut microbiota compound over generations. Nature. 2016; 529 (7585): 212-215. doi: 10.1038/nature16504

92.   O Projeto Integrativo do Microbioma Humano. O Projeto Integrativo do Microbioma Humano. Nature. 2019; 569(7758): 641-648. doi.org/10.1038/s41586-019-1238-8

93.   Thompson, L. R., Sanders, J. G., McDonald, D., Amir, A., Ladau, J., Locey, K. J., & Knight, R. A communal catalogue reveals Earth's multiscale microbial diversity. Nature. 2017; 551(7681): 457-463. doi.org/10.1038/nature24621

94.   Thursby, E., & Juge, N. Introduction to the human gut microbiota. Biochemical Journal. 2017; 474(11): 1823-1836. doi.org/10.1042/BCJ20160510

95.   Tilg, H., & Adolph, T. E. Influence of the human intestinal microbiome on obesity and metabolic dysfunction. Opinião Atual em Endocrinologia, Diabetes e Obesidade. 2020; 27(1): 16-21. doi.org/10.1097/MED.0000000000000518

96.   Tillisch, K. The effects of gut microbiota on CNS function in humans. Gut Microbes. 2014; 5(3): 404-410.

97.   Torsvik, V., Ovreás, L., & Thingstad, T. F. Prokaryotic diversity-magnitude, dinâmica, e factores de controlo. Science. 2002; 296(5570): 1064-1066. doi.org/10.1126/science.1071698

98. Tremaroli V, Backhed F. Functional interactions between the gut microbiota and host metabolism (Interações funcionais entre o microbiota intestinal e o metabolismo do hospedeiro). Nature. 2012; 489 (7415):242-249.

99. Turnbaugh PJ. Um microbioma intestinal associado à obesidade com maior capacidade de recolha de energia. Nature. 2006; 444 (7122):1027-1031.

100. Turnbaugh, P., Ley, R., Hamady, M. The Human Microbiome Project. Nature. 2007; 449: 804-810. doi.org/10.1038/nature06244

101. Ursell LK, Metcalf JL, Parfrey LW, Knight R. Definindo o microbioma humano. Nutr Rev. 2012; 70 Suppl 1:S38-44. doi:10.1111/j.1753-4887.2012.00493.x

102. Valdes A M, Walter J, Segal E, Spector T D. Papel da microbiota intestinal na nutrição e na saúde BMJ. 2018; 361:k2179 doi:10.1136/bmj.k2179.

103. Valles-Colomer, M., Falony, G., Darzi, Y., Tigchelaar, E. F., Wang, J., Tito, R. Y., & Raes, J. The neuroactive potential of the human gut microbiota in quality of life and depression. Nature Microbiology. 2019; 4(4): 623-632.

104. van Nood, E., Vrieze, A., Nieuwdorp, M., Fuentes, S., Zoetendal, E. G., de Vos, W. M.,Keller, J. J. Duodenal infusion of donor feces for recurrent Clostridium difficile. The New England Journal of Medicine. 2013; 368(5): 407-415.

105. Vijay, A., Valdes, A.M. Papel do microbioma intestinal nas doenças crónicas: uma revisão narrativa. Eur J Clin Nutr. 2022; 76: 489-501. doi.org/10.1038/s41430-021-00991-6

106. Vrieze A, *et al.* A transferência do microbiota intestinal de dadores magros aumenta a sensibilidade à insulina em indivíduos com síndrome metabólica. Gastroenterology. 2012;143 (4):913-916

107. Vuong, H. E., Yano, J. M., Fung, T. C., & Hsiao, E. Y. The Microbiome and Host Behavior. Revisão Anual de Neurociência. 2017; 40: 21-49. doi.org/10.1146/annurev-neuro- 072116-031347

108. Weng, S. L., Chiu, C. M., Lin, F. M., Huang, W. C., Liang, C., Yang, T., & Chang, T. H. Bacterial communities in semen from men of infertile couples: metagenomic sequencing reveals relationships of seminal microbiota to semen quality. PLoS ONE. 2014; 9(10): e110152. doi.org/10.1371/journal.pone.0110152

109. Wishart, D. S. Metabolomics for Investigating Physiological and Pathophysiological Processes. Physiological Reviews. 2019; 99(4): 1819-1875. doi.org/10.1152/physrev.00034.2018

110. Witkin, S. S., Mendes-Soares, H., Linhares, I. M., Jayaram, A., Ledger, W. J., &

Forney, L. J. Influência das bactérias vaginais e dos isómeros do ácido D e L-lático no indutor da metaloproteinase da matriz extracelular vaginal: implicações para a proteção contra infecções do trato genital superior. MBio. 2013; 4(4): e00460-13.

111. Wu HJ, Wu E. The role of gut microbiota in immune homeostasis and autoimmunity. Gut Microbes. 2012; 3(1):4-14. doi: 10.4161/gmic.19320.

112. Yano, J. M., Yu, K., Donaldson, G. P., Shastri, G. G., Ann, P., Ma, L., & Hsiao, E. Y. Bactérias indígenas da microbiota intestinal regulam a biossíntese de serotonina do hospedeiro. Cell. 2015; 161(2): 264-276.

113. Yassour, M., Jason, E., Hogstrom, L. J., Arthur, T. D., Tripathi, S., Siljander, H., &Huttenhower, C. Strain-Level Analysis of Mother-to-Child Bacterial Transmission during the First Few Months of Life. Cell Host & Microbe. 2018; 24(1): 146-154.e4. doi.org/10.1016/j.chom.2018.06.007

114. Zheng, D., Liwinski, T. & Elinav, E. Interação entre a microbiota e a imunidade na saúde e na doença. Cell Res. 2020; 30: 492-506. doi.org/10.1038/s41422-020-0332-7.

115. Zmora, N., Zilberman-Schapira, G., Suez, J., Mor, U., Dori-Bachash, M., Bashiardes, S., Elinav, E. A resistência personalizada à colonização da mucosa intestinal por probióticos empíricos está associada a caraterísticas únicas do hospedeiro e do microbioma. Cell. 2019; 174(6): 1388-1405.

116. Zou, Y., Xue, W., Luo, G., Deng, Z., Qin, P., Guo, R., Chen, S. 1.520 genomas de referência de bactérias intestinais humanas cultivadas permitem análises funcionais do microbioma. Nature Biotechnology. 2019; 37(2): 179-185.

yes I want morebooks!

Buy your books fast and straightforward online - at one of world's fastest growing online book stores! Environmentally sound due to Print-on-Demand technologies.

Buy your books online at
www.morebooks.shop

Compre os seus livros mais rápido e diretamente na internet, em uma das livrarias on-line com o maior crescimento no mundo! Produção que protege o meio ambiente através das tecnologias de impressão sob demanda.

Compre os seus livros on-line em
www.morebooks.shop

Printed by Books on Demand GmbH, Norderstedt / Germany